青少年心理品质丛书
主编：夏阳

对自己说不要紧

张俊红◎编著

新疆美术摄影出版社
新疆电子音像出版社

图书在版编目(CIP)数据

对自己说不要紧 / 张俊红编著. -- 乌鲁木齐 : 新疆美术摄影
出版社 : 新疆电子音像出版社, 2013.4
ISBN 978-7-5469-3894-3

Ⅰ. ①对… Ⅱ. ①张… Ⅲ. ①人生哲学 – 青年读物②
人生哲学 – 少年读物 Ⅳ. ①B821-49

中国版本图书馆 CIP 数据核字(2013)第 071416 号

对自己说不要紧   主 编 夏 阳

编　　著	张俊红
责任编辑	吴晓霞
责任校对	李　瑞
制　　作	乌鲁木齐标杆集印务有限公司
出版发行	新疆美术摄影出版社
	新疆电子音像出版社
地　　址	乌鲁木齐市经济技术开发区科技园路 7 号
邮　　编	830011
印　　刷	北京新华印刷有限公司
开　　本	787 mm×1 092 mm　　1/16
印　　张	15.5
字　　数	208 千字
版　　次	2013 年 7 月第 1 版
印　　次	2013 年 7 月第 1 次印刷
书　　号	ISBN 978-7-5469-3894-3
定　　价	45.00 元

本社出版物均在淘宝网店 : 新疆旅游书店(http://xjdzyx.taobao.
com)有售,欢迎广大读者通过网上书店购买。

4

目

录

第一章　失败不要紧，相信成功最重要

　　和成功所能带给我们的收获和喜悦相比，失败所能
带给我们的启迪和智慧，远比成功带来的多。

 ## 失败中的智慧比成功更重要

福克斯一直认为："一个虽屡遭挫折却百折不挠的人将比一个一直顺顺当当的人更有可能取得成就。"为什么？因为和成功所能带给我们的收获和喜悦相比，失败所能带给我们的启迪和智慧，远比成功带来的多。

有人曾给亨弗利·戴维爵士极为灵巧娴熟地展示过一个实验，在这个实验中，展示者的动作熟练、准确，整个实验无可挑剔，但是爵士不仅没有夸赞对方娴熟的手法，相反他却说："感谢上帝，没有让我能够拥有如此娴熟的巧手，因为我总是由实验的失败中才有了灵感。"

的确，很多时候就像树枝不剪枝砍杈就不能长得更直一样，人不经历失败，就无法从失败中得到更多的启示，学到更多知识。

无独有偶，一位物理学领域的杰出研究员则在他的发现日志中总结出这样的一条规律：每当研究过程中似乎遭遇到不可战胜的困难时，也就是重大发现之契机。

不能否定，我们从失败中能学到的智慧远远超过了成功。很多时候我们往往只有通过先发现了什么不行才明白什么可行；只有发现一个方法不行，才会去积极主动地选择新的可行的方法，而一个从不犯错误的人，从不失败的人，可能永远都不会有所发现。

贝多芬曾这样评价一位落魄的音乐家："要是他在孩提时代多一点勤奋的话，他完全可以成为一个很好的音乐家，但他被他自己的天才惯坏了。"的确，和成功、赞美、鲜花、掌声相比，失败、犯错，虽然来得有些让人伤感，但是不碰壁、不栽跟头、不出错，我们又怎能知道正确应该是什么样子呢？

工程师瓦特曾说："在机械工程这门学科所缺乏的所有事物中，最缺少的是失败史。"他说："我们缺少的是一本叙述污点的书。"门德尔松也曾在参加其剧作在伯明翰一家剧院的首演时，笑着对朋友和评论家们说："请严厉地批评我吧！不要告诉我你们喜欢什么，告诉我你们不喜欢的是什么。"

不能否定世界上很多新思想、新发现、新发明，通常都是在否定和失误中孕育出来的，都是在悲伤中思考出来的……

的确，对绝大多数人而言，失败的经验远比成功重要。华盛顿打败的战役比他赢得的战役要多，但他最终赢得了独立战争。

由此可见，失败是人生最好的老师，它以最真实、最客观、最深刻的方式向人们诠释着获得成功应该走的方向，应该做的事情，应该采用的方法……失败是引导人们取得成功的最好的导师。所以很多时候我们不断地失败，不停地从头再来，反而能取得更大的成功。一个人陶醉在成功之中，就很难再有什么大的成就。

从商学院毕业的希尔，找了一个速记员兼簿记员的工作。刚刚走出学校大门的他遵照"付出多于报酬"的原则，把自己主要的精力用于工作，取得了老板的信任，因此他晋升得很快，银行也有了存款。就在希尔对自己的未来充满信心的时候，他的老板突然宣布破产，希尔也因此失业了。

很快，希尔在一家木材厂找到了一份工作，他的职务是销售经理。虽说希尔对于木材所知甚少，但是第一次工作的经验让希尔对这份工作也同样充满了信心，他相信自己一样可以做得很好。为了做得出色，希尔从来都是主动做事，从来不用老板安排。希尔在新公司取得了不错的成绩。

但生活总是处处充满了危机，就在希尔的第二份工作开始稳定并稳步发展时，1907 年的美国金融危机袭击了很多商家和银行，希尔一夜之间"破产"了，大恐慌夺走了他在银行的每一分存款。

万般无奈下的希尔又找到了第三份工作——汽车推销员。做销售经理时，希尔积累了丰富的销售经验，这下有了用武之地。再加上希尔一贯以"付出多于报酬"作为自己的人生法则，在他的努力下，他的销售业绩突飞猛进。在工厂站稳脚跟的希尔，在汽车厂开设了一个把一般工人训练成为汽车装配与修理工的培训部，这个培训部很红火，希尔又一次接近成功的彼岸。

后来希尔的个人奋斗史受到了银行的关注，银行经理毫不犹豫

3

地把钱借给希尔发展事业。这位银行经理不断借钱给希尔，直到希尔无力偿还，然后银行经理把希尔的事业接手。希尔再一次成了穷光蛋。后来在家人的帮助下，希尔成了一家大煤矿公司的首席法律顾问。但是希尔很快就辞掉了工作，因为这对希尔来说太没有挑战性了，稳定的生活让他和挑战越来越远，他渐渐开始看不到自己的潜力了，所以他重新做了一个选择，选择去芝加哥重新开始他的事业。

希尔在芝加哥很快就找到了一份工作，在一所大规模的函授学校担任广告部经理。但是希尔对于广告了解甚少，又是因为以前有过推销的经验，再加上希尔运用"付出多于报酬"的原则，很快希尔就东山再起崭露头角。

之后希尔和一个合伙人开始合伙生产糖果，他们组建了贝丝·洛丝糖果公司，希尔是第一任总裁。他们的生意越来越好。

就在希尔感觉自己就要成功时，另外两个合伙人企图吃掉希尔在公司的股份，于是他们捏造莫须有的罪名，使希尔被捕，并提出要想让他们撤销上诉，就必须把股份让给他们。

第一次清楚人性虚伪的希尔，并没有报复他们，而是原谅了他们对自己的伤害。

第一次世界大战结束之日，站在窗口的希尔开始回顾自己20多年来的人生，写成了《希尔黄金法则》，并最终出版。

试想如果没有获得这么多失败的经验，希尔怎么能够成为一个著名的畅销书作家呢？这些都是他所经历的挫败和失误带给他的经验和智慧，都是他人生宝贵的财富。

因为经历过太多的错，所以他比别人更能领悟到对在哪里，成功在哪里，怎样才能成功，成功的智慧是什么，法宝是什么，所以他成功了。

和希尔不同，生活中有太多人缺乏勇气，更没有魄力去从容地面对失败，坦然地从失败中总结经验和教训，所以生活虽然精彩，平庸的人却一直不少。

可以失败，不可以失志

中国有句古语："三军可以夺帅，匹夫不可以夺志。"是的，我们可以接受失败，但我们不能容忍轻易放弃导致的失败！失败并不可怕，可怕的是失败后的沉沦。因为一个人一旦选择沉沦，那么无论他面前有多少次机会，他都抓不住。

日本三洋电机公司顾问后藤清一，曾在松下电器担任厂长。有一天，狂暴的台风袭击了日本。三洋电机公司损失严重，很多机器在台风中被毁。后藤心想：公司迁至新厂，正想要全力生产、大干特干时，却遭此打击，老板心理上一定很沮丧吧！

由于松下的夫人身体不适，松下到医院探病后，在台风即将停止时才赶到工厂。

看到老板来了，后藤急匆匆赶来，立马上去报告："老板，不得了了，工厂损失惨重，我来当向导，请巡视工厂一趟吧！"

"不必了，不要紧，不要紧。"

听了松下的这句话，后藤充满了疑惑，心想老板还真能沉得住气。

只见松下手仔细地端详着手中的纸扇，横看、纵看，神情异常的冷静。

"不要紧，不要紧。后藤君啊，跌倒还可以再爬起来。婴儿若不跌倒就永远学不会走路。孩子也是，跌倒了就应立即站起来，嚎哭是没有用的，不是吗？"

这或许就是松下之所以能够成功的秘诀吧，失败不可避免，但是斗志不能失去。不能否定，很多时候失败是不以人的意志为转移的。一般情况下事情往往都是这样的：成果未成，先尝苦果；壮志未酬，先遭失败。

人的一生其实就是要在不断的失败中度过的。对于许多人来说，失败并不可怕，可怕的是在心灵上被彻底打败，而又未能体会到真正的教训，反而重蹈覆辙，以致最后落得无可救药。我们常说："胜败乃兵家常事。"因此我们应该向松下一样胜不骄，败不馁。赢得来繁华，也守得住落寞。

松下幸之助曾经说过："跌倒了就要站起来，而且更要往前走。跌倒了站起来只是半个人，站起来后再往前走才是完整的人。"有时我们不能控制事情发展的进程，避免不了失败的发生，但是沉浸在失败当中还是勇敢地向成功进发，却是我们能够把握得了的事情。

重庆市著名的力帆集团董事长尹明善，他只有高中文凭，但最后却得到了很多人没能得到的成功。

每当他回想起二十几年前自己的创业之路时，尹明善心中都会充满无限感慨。那个时候的力帆远远不是如今这个模样，只是一个小作坊。后来经过了八年的奋斗，企业才终于从一条小巷子走了出来。

而在这期间，和尹明善一起工作的很多同事因为公司发展太慢，没有什么起色而一拨儿又一拨儿地选择了离开企业，另谋高就。只有尹明善没有因为公司暂时的停滞不前而放弃心中的希望，他选择了撑下来，选择了和公司共进退。

后来的事实再一次证明了，他成功了，胜利的曙光最终照耀在了他的头上，而在尹明善脸上泛着成功的喜悦时，他之前的同事们脸上却是落寞和羡慕。

对于人生来说重要的不是暂时的状况，而是在人生的选择面前你的意志是什么样的，心态是什么样的。失败不是人生的终点，充其量它不过是人生过程中的一个小小的插曲。

当然，失败有大有小，比如学习上的困难，工作中的不顺，同事间的摩擦，恋爱中的波折等，这些都属不如意的小事，但积累起来却会消磨人的锐气。有些失败，如高考落榜，招工无名，情场失意，事业不成，幻想破灭，家庭变故等，则往往会对一个人的生活发生重大影响，甚至能够摧毁一个人的精神。然而事实上，通过上述事例我们就能够看到，失败了并没有什么大不了，只要我们能够失败不失志，结果就会不一样。

失败是能否成功的试验剂，如果不能充分利用这个试验剂的话，那么你就无法走近成功者。其实无论遇到什么样的失败，只要你跌倒后又能马上爬起来，失败不失志，跌倒的教训就会成为有益的经验，从而帮助你取得未来的成功。

所以说，不愿意面对失败，不愿意承认失败，失败之后沉沦堕落都是不可取的。事实上，失败并不可怕，也不可悲，只要在失败以后你能够把失败当成人生必修的功课，那么你就会发现，几乎所有的失败经历，都会给你带来意想不到的益处。

所以我们不能因为暂时的失败而放弃，而要经得起失败，永不失志，重要的是即使失败了，你依然有前行的勇气和志向，能够经得起失败，能重振旗鼓，开辟人生的另一个战场。

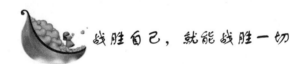

战胜自己，就能战胜一切

别人是无论如何也打败不了你的，打败你的只有你自己，无数的杰出人物都说过的一句话就是："我只需要战胜自己！"你要想成大事，就必须肯定地相信自己是有用之才。

在这个世界上，没有人能够让你绝望，除了你自己。生活当中有太多的人被忧郁、晦暗的心态所束缚，他们为此而意志消沉，为此而灰心失望，看不到生活的方向，找不到生活的重点和主旨，甚至很多时候不知道自己该去做些什么，再或者干脆什么都不做，这其实都是因为自己的内心在作怪。

很多人因为一点小事就悲观绝望，从而让自己的心被晦涩和痛苦笼罩，从而让自己的状态变得越来消沉，越来越没有生机和活力，以至于陷入思想的沼泽难以自拔。

其实这都是因为人们自身的抑郁心理在起作用，事实上，忧郁是人们所有不正常的消极心理的开端。而一个人抑郁的根源就在于背负了沉重的思想负担，从而产生一种摧毁自信的自卑和否定自我的心理，因为对自己没有自信，从而对关于自己的一切都感到悲观失望，进而对生活失去信心。

而一个积极自信，对自己抱有很多期待和幻想的人，总能从生活中发现乐趣，看到希望，然后积极乐观地面对人生。

美国总统罗纳德·里根是一个对自己绝对充满信心的人，在成为政治家之前，他只是一个很普通的演员，但他坚信只要自己努力，自己也能当总统，并相信自己一定可以履行好总统的职责。

但是从 22 岁到 54 岁，里根一直在文艺圈里，他的人生和政治可以说没有什么交集，而他对于从政也完全是陌生的，更没有什么经验可言，可是他并没有因此认为自己不能当总统，相反他认为只要有机会，他就可以成功坐上总统的宝座。

终于机会来了，共和党内的保守派和一些富豪们竭力怂恿他竞选加州州长时，里根毅然决定放弃大半辈子赖以为生的职业，坚决从娱乐界投身到政界，并从此开始从政生涯。经过努力，最终里根成为美国第 40 任总统。

从里根的"大变身"中，我们可以真切地发现，自信就是力量，自信就能创造奇迹，自信能拯救自己，塑造自己，把握自己，否则，一个时时处处自我否定的人，只会在郁闷的情绪中让自己更加渺小。

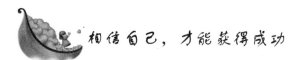

相信自己，才能获得成功

战胜困难的要素之一就是"相信自己"，一个连自己都不相信的人，还能奢望别人的相信吗？一定要相信自己，只有相信自己，信念才会战胜困难，获得最后的成功。

有一个无依无靠的孤儿，既没田地可以种，也没有钱可用来经商，整天过着流浪、乞讨的日子，周围的人都看不起他。面对自己毫无希望的生活，他困惑极了，他试图改变自己的生活。于是，他便去拜见一位高僧，向他求教。

高僧带他来到一处长满杂草的乱石旁，指着一块石头说："明天早晨，你把它拿到集市去卖。但要记住，无论什么人出多少钱要买这块石头，你都不要卖。"

孤儿满腹狐疑，心想这样一块再普通不过的石头，怎么会有人肯花钱买呢。但是，他还是抱着石头来到集市，在一个不起眼儿的地方蹲下来叫卖石头。

可是，那毕竟是一块处处都可以见到的石头啊，大家面对他的吆喝，不是以一种奇怪的目光看看，就是小声议论他的脑袋是不是有毛病。就这样，第一天过去了，第二天又过去了，依然无人问津。第三天，有个人来到他跟前问。第四天，真有人想要买这块石头了。第五天，那块石头已经可以卖到一个很好的价钱了。

兴奋的孤儿回到寺庙里，把这一情况告诉了高僧。

高僧笑笑说："明天你拿到黄金市场去，同样，无论人家出多少钱都不能卖。"

孤儿又把石头拿到黄金市场去。同在街头一样，前两天都没有任何人问，第三天，又有人围过来问。几天以后，问价的人越来越多，石头的价格已经超过了黄金的价格，而孤儿依然不卖。后来石头的价格被抬得越来越高。

孤儿又去找高僧，高僧说让他把石头拿到珠宝市场，又对他说了同样的话。

孤儿把石头拿到珠宝市场，又出现了同样的情况，由于别人出多少钱，孤儿都不卖石头，这块普通的石头被认为是"稀世珍宝"。

对此，孤儿更困惑了，又来请教高僧。

高僧说："世上人与物皆如此，如果你认定自己是块陋石，那么你可能永远只是一块陋石；如果你坚信自己是一个无价的宝石，那么你就是无价的宝石。"

一个人又何尝不是如此呢？许多时候就是这样，我们只要坚信自己的价值，那么无论我们多么平凡，那么我们都能获得不同凡响的收获。

从普通心理学的角度讲，自信是指人的一种性格特征；而从社会心理学角度来讲，自信是指人们对待自己的一种态度。现实生活中我们所获得的成绩往往都与自信有关，都来自自信带给我们的力量，同时我们所取得的一切结果也都能再次增加我们的自信，促使我们再次成功。

生活中有许多人之所以总是失败，并不是因为他水平不够，相反很可能是因为他们不够自信，不够相信自己，在追求成功的道路上他们首先被自己的不自信束缚住了手脚，所以他们不能正确地估计自己，不能相信自己也能做出非凡的事情，事实上，能不能做出更出色的事情首先需要我们有足够自信，敢去想，敢去做，只有这样一切才有可能。

蒙提·罗伯兹可以称得上是一个成功的人，他在家乡有座牧马场，他常借用这里宽敞的空间来举办募款活动，为青少年实现梦想筹备基金。

在一次活动时，他在致辞中说："我设置这个基金是有原因的。原因跟一个小男孩有关。男孩的父亲是位马术师，由于环境所迫，从小他就跟着父亲四处奔波，一个农场接着一个农场地去训练马匹。因为居无定所，男孩的求学过程并不很顺利。初中时，老师叫全班同学写一个报告，题目是《长大后的志愿》。

"那晚回家后，他用心地把自己长大后的志愿满满写了七张纸，他想拥有一座属于自己的牧场，并且他还很认真地画了一张牧场的设计图，上面很仔细地标着马厩、跑道等，然后他还准备在这片农场中央，建造一栋豪宅。

"最后他花了很大的心血把报告完成，第二天交给了老师。两天后他拿回了报告，结果第一页上被打了一个又红又大的 F，旁边还写了一行字：下课后来见我。

"他下课后带着报告去找老师：'为什么给我不及格？'

"老师回答说：'你不要老做白日梦。你现在没有家庭背景，没有雄厚的资金，可以说什么都没有，而要盖一座牧场可是件要花大钱的工程；你要买地、买纯种马匹、花钱照顾它们。你怎么可能做得到呢？'老师接着又说：'你如果肯重写一个比较实际的志愿，我会考虑重新给你打分的。'

"回家后小男孩反复思量了好多次，最后他决定去征询父亲的意见。父亲只是问他：'儿子，你觉得你能做到吗？'

"再三考虑好几天后，这个男孩决定把原稿交给老师，一个字都不改。他告诉老师：'即使这项作业不及格，我也相信我能实现我的梦想。'"

说完，蒙提此时向众人说道："我之所以会提起这个故事，是因为各位现在就坐在那个牧场内，坐在那个豪华住宅中。那份初中写的报告我也至今还留着。"他顿了一下又说："有意思的是，去年的夏天，那位老师带了几十个学生来我的农场露营。离开之前，他对我说：'说来有些惭愧。在你读初中时，我还曾泼过你的冷水。这些年来，我也对不少学生说过相同的话。幸亏你足够自信，相信自己就能创造奇迹。'"

相信自己就能创造奇迹，是否真的如此，我们何不自信一次，看看结果呢？自信是直面人生的一种勇气和内在气度，它可以鼓舞我们的生命，让我们斗志昂扬，永不退缩地达到成功的彼岸。

有一句话叫做："定位决定地位。"同样我们有什么样的自信，那我们就能够赢得什么样的成功。如果你想成功，就请充满自信地迎接生活的每一天，坚定不移地朝着自己的既定的目标走下去吧！

 ## 用微笑和热情拥抱失败

失败并不可怕，可怕的是掉进失败的深渊中不能自拔。我们要抛开抱怨。用微笑和热情拥抱失败，进而鞭策和鼓励自己在通往成功的道路上继续勇往直前。

对于多数人来说，失败意味着完结，但对于那些热爱失败和挑战的人来说，失败是一次宝贵的经历，是一次新的开始，是一个达到新高度的跳板。他们甚至不用失败这个字眼，而是代之以"失误"、"受挫"和"新起点"等词汇。

有人问美国古柏建材公司前董事长拜伦，在他的创业历程中，遇到的最棘手的问题是什么。他回答说："我不知道什么是最棘手的问题，只知道尽我最大的努力去做事。"

老人牌麦片公司曾收购过一家电子计算机商店和一家化妆品商店，后来因经营不善纷纷关闭了。公司董事长威廉·史密斯伯承担

11

了这两次"失误"的责任，事后他对属下们说："我希望你们的骨子里有一种敢于冒险的特质，哪怕这次冒险把事情搞砸了。我们公司的高层人员中，没有一个没犯过类似错误的，包括我本人在内。这就像学滑雪一样，不栽跟头是永远学不会的。"

"太阳锅巴"和"阿香婆"的创始人李照森。他之所以能够创业成功，原因之一就是他能够善待失败，始终能用微笑和热情去拥抱失败。

李照森自创业 10 多年来，饱尝了挫折和失败的滋味。然而李照森是个响当当的硬汉，从未屈服过，一路走来谱写了精彩的奋斗篇章。

1984 年，李照森在吃"鱿鱼锅巴"时，突发奇想，如果能把只在饭桌上才能吃到的锅巴变成人们手中的小食品该有多好。于是，他开创了"太阳锅巴"。"太阳锅巴"可谓顺应需求，一问世便受到广大消费者的青睐，一时间出现供不应求的热销局面。从 1990 年 8 月份开始，月产量达到 3000 吨。

太阳集团在李照森的一手领导下，像火红的太阳一样熊熊燃烧起来。春风得意的李照森万万没有想到危机和灾难正在悄悄袭来。

11 月 4 日，李照森结束出国考察回到厂里一看傻了眼：锅巴积压了 20 万箱，约 1500 千克，厂里从库房到院子到处堆满了积压的产品。

见此情景，李照森顿时慌了手脚，忙中出错又作出一个错误的判断：锅巴卖不动的原因在于市场上假冒产品的冲击。由于假"太阳锅巴"质量低劣，大家连真"太阳锅巴"也不敢吃了。一步走错，步步走错，李照森从此开始陷入困境。于是打假大战紧接着打响了。

为了打击假冒伪劣锅巴，李照森决定采取降价销售措施，试图使假冒商品无利可图而退出市场。然而效果却不明显，简直是劳而无功。李照森第一次尝到了苦头。

1991 品销售额从 1990 年的 1.5 亿元一下降到 5000 万元；1992 年，销售额又掉到 4600 万元，亏损 300 万元；1993 年，销售额跌至 4200 万元，亏损 700 万元。

　　许多领导和员工见公司效益日渐下滑，一个个像泄了气的皮球，对公司前景极为失望。只有李照森越挫越勇，他相信自己仍有回春之力。李照森召集领导班子对失败的原因进行了深刻的反思和研究，结果发现，原来从 10 月份开始是锅巴销售的淡季。

　　李照森周围和身边的人认为他最大的特点是豁达、乐观，无论他面对多大的困难，他总是不断地进取，从不悲观消沉。

　　面对崭新的问题，李照森又要从头开始。于是他努力试图寻找新的"亮点"，重新开发出新产品，重新抓管理、抓质量，重新开拓市场。

　　1994 年，太阳集团又选择了最容易下手的方便面作为突破重点。生产了"三高面"，但又失败了，结果净赔 120 万元。

　　1994 年 11 月，突破重点又转到婴儿营养品"助哺宝"。但因缺乏资金支付巨额广告费，李照森只能被迫放弃，甘愿认赔。

　　一次次的失败经历告诉李照森，胡乱出击是行不通的。李照森心想，哪里跌倒就要在哪里爬起来，于是他又想起了虽日落西山，却余威不减的"太阳锅巴"。李照森觉得，"太阳锅巴"的销售尚未到达周期，是被突然扼杀的，并未走到穷途末路。还有，"太阳锅巴"在北京卖得很火，已经占据了 50% 的市场份额，华东地区的需求潜力很值得进一步挖掘。

　　1995 年初，经过大手笔的重新策划和包装，太阳集团决定首先拿出 200 万元打开天津锅巴市场，得手后再开辟上海市场。4 月，锅巴在天津卷土重来，正赶上世乒赛的良机，"太阳锅巴"顿时火遍津城。然而好景不长，11 月份来临，广告一停，锅巴市场又陷入萧条局面之中。李照森不得不再次暂时放弃。

　　这几年里，李照森就是这样在开拓——失败——开拓——再失败的磕磕绊绊中走过来的。他从不怨天尤人，也从未想过鸣金收兵。虽然挫折和失败频频向他袭来，但他凭借自己打不垮、捶不烂的坚强意志硬撑了下来，始终勇往直前。这也让他一步一步走向了成熟，具备了企业家必备的素质。

　　东方不亮西方亮。尽管"太阳锅巴"陷入了低谷，但太阳集团的另一产品"八珍牛肉甜辣酱"却销售得相当不错。该产品自 1993

年开发出来，当年就销售 3000 箱，1994 年销售 2 万箱，1995 年销量猛涨到 3 万箱。李照森多年积累的经验使他认识到，在甜辣酱上做文章会大有作为，前景十分看好。

李照森认为，应该给"八珍牛肉甜辣酱"换个名字，最后起了一个既有传统文化背景，又有民族特点的一"阿香婆"，其中还蕴含着"多年的媳妇熬成婆"的意味。李照森也想借此来喻示自己的创业经历，他这位多年的"媳妇"也快要熬成"婆"了。

"阿香婆"一上市就在京津地区畅销起来。到现在为止，"阿香婆"已经打入了全国市场，几乎成了家喻户晓、人见人爱、不可多得的美味。1996 年 1 月至 7 月，太阳集团仍亏损 690 万元，8 月份便扭亏为盈，创利税 400 万元，9 月份创利税近千万元，10 月份利税达 1500 万元。

"阿香婆"的问世终于让李照森迎来了创业生涯中的春天，也让他这位屡败屡战、永不服输的商场战将获得了回报与欣慰。

在这里，我们并不是说这些成功人士都以失败而自鸣得意。而是他们都相信自己能从失败中学到更有用的东西，从而为成功奠基。几年前，国际某机器公司一位很能干的低级别经理在一次冒险尝试中，使公司损失了数百万美元，公司创建人托马斯·沃森把他叫到办公室。年轻的经理脱口说道："老板，你要炒我的鱿鱼吗？"沃森回答说："你不必把这事放在心上，就算公司为你付了几百万元学费。"

以上这些人都具备的一个共同点是，他们都能坚定地追求自己想要达到的目标，敢于冒风险，不怕失败，善待失败。因为他们都能深刻地认识到：不抱怨，不抛弃，不放弃，战胜困难，下一步定会成功！

要在失败中不断进步

14

人总要不断进步，要在失败中汲取经验。当我们做一件事情失败了，这意味着什么呢？无非有三种可能，一是此路不通，你需要另外开辟一条路；二是某处故障作怪，应该想办法解决；三是还差一两步，需要你做更多的探索。这三种可能都会引导你走向成功。

古往今来，人类所创造的辉煌成就，大多是经过多次挫折和失败才得来的。第一把石斧的发明，是人类祖先敲打了无数块石头才做成的；刘邦同项羽作战，开始时是屡战屡败的，在鸿门宴上差点丢了性命，后来被逼于蜀汉一隅，成皋一仗又几乎全军覆没。经历如此的波折之后才建立不朽的伟业；没有中国共产党八年的抗战，就没有今天东方巨龙的腾飞；没有先人经历千百次的实验发明，就没有科学的进步……

科学是一个动态的发展过程，当我们仔细去考察它的时候，不难发现，其中不仅有令人瞩目的辉煌成就，而且包含着难以计数的失败和挫折。而这些失败和挫折，是更深刻、更富于启发性的，同样有着它存在并发生的意义，一样难得和丰富多彩。

华罗庚教授在谈到科学史时指出："不要认为科学研究是一帆风顺的，一搞就成功。一切发明创造都是经过许多失败的经历而后才成功的。"可见，正因为有了失败，才有了经验，也才孕育着成功，才有科学发展史的出现。

对于从事科学活动的人来说，经历失败同样重要。英国科学家威廉·汤姆生一生发表了600多篇学术论文，荣获70种发明品的专利，获得了250多所学校和团体授予的荣誉头衔，但他总结自己多年在科学进步上的贡献时，竟用"失败"二字来归纳自己一生的事业，这既是他自知与伟大的体现，也是我们从他个人事业史中感悟最深的总结。

在生活中，有些人不是被失败淘汰出局的，而是被失败吓跑的。

如果我们能够像华罗庚、汤姆生那样，充分理解失败对于科学事业的重要意义，理解失败与成功的关系，那么，我们就会做好最坏的准备去迎接失败，战胜失败。无论从事什么事业，特别是那些富有开拓性的事业，必须要有这种思想准备。

由此看来，不论是谁，不论做什么事，要想获得成功，就必须准备接受失败的考验。人既要做成功的英雄，也要做不怕失败的勇者；而且只有不怕失败的勇者。才有可能成为成功的英雄。

不怕失败，是一种勇往直前的信念，也是一种可敬的英雄气概。这不禁让人想起鲁迅先生说过的一段话："我每看运动会时，常常想：优胜者固然可敬，但那虽然落后而仍然跑至终点不止的竞技者，和见了这样的竞技者而肃然不笑的看客，乃正是中国将来的脊梁。"

在我们生活的这个大运动场上，有些人不甘落后、不怕失败，坚信自己的目标，一次次摔倒，一次次站起来，那同样是最可尊敬的，而且总有一天，他们会在自己的跑道上获得成功。

法国著名生物学家巴斯德说："字典里最重要的三个词，就是意志、工作、等待。我将在这三块基石上建立我成功的金字塔。"

不仅科学发展史上是这样，社会历史的发展也是如此。历史的长河总是后浪推前浪，一浪高过一浪，后人总是站在前人的肩膀上才创造出繁华似锦的历史新篇章。所以，我们学会善待失败，它是人类最可敬的朋友！

 不要让失败挡住双眼

我们要拥有一颗清醒的头脑，并时刻保持一个全新的自我。因为失败是一种可怕的东西，如果你处理不当就很可能致命。失败所造成的严重后果，往往不在失败本身，而在于造成失败者对待失败的态度。聪明的人能在失败中学到教训，处失败于泰然，知道自己失败之后应该怎么做。愚蠢的人只会一再失败，而不能从中学得任何经验。一旦遇到失败就惶惶恐恐，不知所措，任其自然或极力掩饰，这样是不会有什么作为的。

"我在这儿已做了三十年，"一位员工抱怨自己没有被提升，"我比你提拔的很多人多二十年的经验。"

"不对，"老板说，"你只有一年经验，你没从自己的错误中学到任何教训，你仍在犯你第一年刚做事时的错误。"

好悲哀的故事！即使是一些小小的错误，你都应从其中学到些什么。很多时候，我们不要局限在事实表面，不要以为错了，失败了，就是结果了，就别无选择了，你要能透过事实看到本质，知道为什么会犯这样的错误并加以改正才能有所进步。如果从一个失误中你能省悟到一个或 N 个经验。那么这个错误就是值得的。

美国著名的钻石天地公司成立之初的目的是从事钻石开采，但公司地质勘探人员犯了一个错误使他们没找到钻石，却发现了世界上最大的镍矿之一。公司决策人员立即调整了经营方向。结果，公司的股票价格迅速飙升。现在，尽管公司仍在使用以前的名称，但其真正的业务却是制造镍币。

有智慧头脑的人不会让失败遮住双眼，因为他们懂得放弃，懂得为了成功重新做选择。

俗话说："退一步海阔天空。"我们正当年轻，当一时遇到困难，受到挫折的时候，不要以为一切都不可挽回了，告诉自己还有希望，此路不通，另辟蹊径。做你想做的，你还是可以成功的。

维斯卡亚公司是 20 世纪 80 年代美国著名的机械制造公司，其产品销往全世界，代表着当时重型机械制造业的最高水平。许多人毕业后到该公司求职都会遭到拒绝，原因很简单，该公司的高技术人员已经爆满。但是令人垂涎的待遇和令人自豪、炫耀的地位仍然向那些有志的求职者闪耀着诱人的光环。

詹姆斯是某知名大学机械制造业的高材生，和其他人一样，在该公司每年一次的用人测试会上，他的申请被拒绝了。其实，这时的用人测试会已经是徒有虚名了。但詹姆斯没有心灰意冷，他发誓一定要进入维斯卡亚重型机械制造公司。于是他采取了一个特别的策略。他到公司人事部，提出为该公司提供无偿劳动力。不管公司分派给他什么工作，他都不计任何报酬来完成。公司起初觉得这不可思议，但考虑到不用任何费用，也用不着操心，于是分派他去打扫车间里的废铁屑。一年来，詹姆斯勤勤恳恳地重复着这种简单劳累的工作。为了糊口，下了班他还要去酒吧打工。这样虽然得到了老板及工人们的好感，但是仍然没有一个人提到录用他。

1990 年初，公司的许多订单被退回，理由都是产品质量有问题，为此公司将蒙受巨大损失。公司董事会紧急召开会议商议解决办法，

第一章　失败不要紧，相信成功最重要

17

当会议进行一大半却毫无进展时，詹姆斯闯入会议室，提出要直接见总经理。在会上，詹姆斯把问题出现的原因作了令人信服的解释，并且对工程技术上的问题提出了自己的看法，随后拿出了自己对产品的改造设计图。

这个设计非常先进，恰到好处地保留了原来机械的优点，同时也克服了已出现的弊病。总经理及董事会的董事见这个清洁工如此精明在行，就询问他的背景和现状。詹姆斯面对公司的最高决策者们，将自己的意图和盘托出。经董事会举手表决，詹姆斯当即被聘为公司负责生产技术问题的副总经理。

原来，詹姆斯在做清扫工时，利用清扫工可以到处走动的好处，细心察看了整个公司各部门的生产情况，并一一作了详细记录，发现了所存在一的技术性问题并想出解决的办法。为此他花了将近一年的时间搞设计。做了大量的统计数据，为最后的成功奠定了基础。

詹姆斯的聪明之处在于，他在遇到难以克服的困难时放弃了从正面进攻的方法，转而采用了一个小小的策略，重新选择了求职之路，最后照样取得了成功。

有的失败转眼就会被我们忘记，有些却能给我们留下深深的伤痛。但是，不管怎样，我们都不应该面对挫折惊慌失措、犹豫不决。失败了，要勇于放弃引你走进失败的那条路，果敢地为自己重新选择一条通向成功的路。

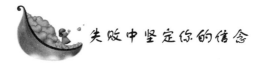

失败中坚定你的信念

唐代诗人杜牧曾写过一首绝句："胜败兵家事不期，包羞忍辱是男儿。江东子弟多才俊，卷土重来未可知。"

其实任何一个走向成功的人，都不可避免地经历过挫折和失败。就像一个人要生存就必须经历白天和夜晚一样，挫折和失败就相当于晚上。要想走向成功，就必须学会正确对待挫折和失败。日本著名指挥家小泽征尔的故事也许能带给你一些深刻的启迪。

对自己说不要紧

1935 年 9 月 1 日，小泽征尔出生在中国沈阳，6 岁时随家人返回日本。小泽征尔从少年时代就显露出了独有的音乐天赋，他喜欢听音乐，尤其是交响乐。一次，他跟随父母去看日本广播协会交响乐团的演奏会，俄国著名指挥家列昂尼德·克鲁采尔担任乐队指挥。

听着优美动听的音乐旋律，看着乐队指挥那挥洒自如、热情洋溢的风姿，小泽征尔深深地被吸引住了。他心中暗想：我一定要成为列昂尼德·克鲁采尔那样的指挥家。

1951 年 4 月，小泽征尔正式考入了桐明学因的高中指挥专业。

在那里，他系统地学习了音乐理论和技能，并且开始担任学校管弦乐队的指挥。这为他以后当乐队指挥打下了坚实的基础。高中毕业后，他去欧洲深造。从马赛到巴黎，他感受到了艺术之乡的巨大魅力。

他在贝桑松国际指挥比赛中获奖，并且连续两次赢得了伯克郡音乐节和卡拉扬主持的指挥比赛奖。卡拉扬很欣赏小泽征尔，并亲自指点他。卡拉扬是世界著名指挥家，被人们称为"音乐魔术大师"，因此能够得到卡拉扬的欣赏和点化，无疑太荣幸了。

在巴黎的两年里，小泽征尔进步很快，他已经成为一个相当引人注目的年轻音乐指挥家，并受聘于纽约爱乐乐团和美国最大的演出公司——哥伦比亚艺术公司，成了一名乐队指挥。

然而，像许多成功者一样，小泽征尔的成功之路也不是一帆风顺的，他也同样经受过失败的考验。

1962 年发生的"小泽事件"对一直走在坦途上的小泽征尔来说，实在是一次沉重的打击。当时，小泽征尔刚刚从巴黎返回日本，被聘担任日本广播公司交响乐团的常任指挥。然而，乐团中的一些成员对年轻的他很不服气，相对来说，他们更崇拜德国著名指挥家富尔特文格勒的指挥风格，因此他们拒绝参加演出。在空荡荡的剧场里，只有小泽征尔一个人站在指挥台上，公开被"晾"在台上，这给年轻气盛的小泽征尔带来了多么沉重的打击啊！他无论如何也没想到，在国外历尽千辛万苦学来的本事，回到自己的祖国竟遭到如此的冷遇，这简直是奇耻大辱。

愤怒之余，小泽征尔毅然离开了祖国，开始了他的流亡生活，

第一章　失败不要紧，相信成功最重要

并且发誓永远不再回来。他不相信自己会是个失败者，他决定做出卓越的成绩来，给那些瞧不起他的人看看。

他在美国落脚。除了潜心学习之外，还担任了芝加哥乐团维尼亚青年节的指挥，同时又兼任加拿大多伦多乐团的指挥。丰富的阅历使他积累了丰富的经验，他的指挥技艺更加精湛了。五年之后，他离开美国，开始在世界各地旅行，并经常担任客座指挥。他的足迹遍布世界各地，各种不同的音乐流派、艺术风格他都接触过，并经过他的博采众长、整理加工逐渐形成了他自己的风格。从此以后，小泽征尔真正地出名了，他指挥的演奏会场场爆满，掌声不绝。西方舆论界称他为"当今世界著名指挥家"。

尽管如此，小泽征尔仍没有忘记1962年给他带来的耻辱，他仍然对自己严格要求：每天凌晨一点左右睡觉，早晨五点起床。除了指挥演奏会以外，他把大部分时间都用在了研习乐谱上。

转眼十年过去了。1972年，小泽征尔被聘担任波士顿交响乐团的常任指挥。波士顿交响乐团是世界一流的交响乐团，能够在这样的乐团担任指挥，对于一个音乐家来说是无上的光荣，小泽征尔通过自己的艰苦努力，终于登上了世界音乐高峰。如果没有当初的"小泽事件"，会有今日的小泽征尔吗？如果小泽征尔没有对待失败的勇气，他今天还能够敲开波士顿交响乐团的大门吗？所以，失败并不可怕，可怕的是没有承受挫折的能力。小泽征尔有着足够的心理准备和心理承受能力，面对失败他没有退缩，而是把失败踩在脚下，创造了一个奋斗者的神话。

要知道，充满酸甜苦辣的人生才是完整的人生，才是丰富多彩、有滋有味的人生，只有成功而没有失败的生活是黯淡无光的。因此，要想拥抱成功，就必须坚强。因为只有坚强的人，才不会被失败吓倒，才能笑傲一切厄运、失落和挫折。要战胜失败，先要战胜自己，然后从头开始。

对自己说不要紧

把失败当作一次成长

生活中有些人总为自己曾经有过失败的经历而耿耿于怀，不愿面对。他们认为曾经失败过，以后仍然会失败。然而恰恰相反，一次失败并不代表着永远失败，它像一把尺子，能让我们发现自己的弱点和不足，如此以来，失败便恰恰是我们人生的一次成长。只要把失败当作一次成长，当作经验的积累，我们将会日趋成熟睿智。

我们知道，在追求理想的道路上，失败总是不可避免的，它是人生乐章中一个不和谐的音符，有的人因失败而沉沦，因为他们回避失败；有的人因失败而奋进，因为他们正视失败。在他们眼中，失败就是一次小小的成长。

失败犹如一剂苦口的良药，它能让我们由幼稚变成熟，由轻浮变稳健，由急躁变冷静，由狂热变清醒。因此，从失败中得到的体会将使我们终身受益。多一次失败，便缩短一点通向成功的距离。只要我们锲而不舍地踏着失败搭成的阶梯不停地攀登，成功就会在意料之中拥抱我们。

其实，成功者和失败者有一个非常重要的区别：失败者总是把挫折当成失败，从而使每次挫折都会动摇他胜利的信念；成功者则是从不言败，在一次又一次挫折面前，总是对自己说："我不是失败了，而是还没有成功。"一个暂时失利的人，如果继续努力，打算赢回来，那么他今天的失利，就不是真正的失败。相反，如果他失去了再战斗的勇气，那就是真输了！

失败是不可避免的，应聘失败，股票狂跌，公司倒闭……都是所谓的失败。所以，请你正视失败。失败并不意味着你是失败者，只是表明你该变换一下方向；失败并不意味着你必须放弃，它表明你还要继续努力；失败并不意味着命运对你不公，它表明命运还有更好的给予。失败生出沉甸甸的麦穗，等待着成功来收获。

失败本身并不可怕，可怕的是失败得没有价值。一个人虽然犯

第一章　失败不要紧，相信成功最重要

了点小错误，但如果他能总结失败的教训，知道自己为什么失败，并不再犯更大的甚至是致命的错误，则错误对他来说是无价之宝，比成功的经验还重要。

一个人虽然曾经取得了一点成绩，但如果不善于总结成功的规律，不知道自己为什么成功，就不可能保证永续成功，则这种成功比失败更可怕。

可口可乐的发明就是源于一次配方失败，X 光的发现也是源于一次试验失败，但这些失败的人最终从失败中受益无穷，其最根本的原因就是他们对失败进行寻根溯底的追问。知道为什么失败，就是成功。因此，要正视失败，人只要经过失败，并利用失败，就会走向成功。

要知道，失败只是暂时的，失败并不能说明我们已与成功无缘，只是说明我们暂时还与成功无缘，只是说明我们暂时还没有成功，失去的只是一次成功的机会。在失败时不失去奋斗的信心和勇气，只要敢于拼搏，就能拥有成功的希望。

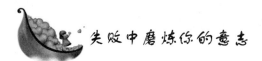

失败中磨炼你的意志

失败是一个学习的过程，也是一个长见识的过程，更是一个磨炼人的意志的过程。不论是诺贝尔发明炸药还是居里夫人镭的发现，都经历过无数次的失败。人最可贵的地方是不畏惧失败，敢冒风险，勇于质疑，这才是失败的意义所在。

美国19世纪社会活动家谢·肯尼迪曾经说过这样一句话："我认为失败、挫折、磨难是锻炼意志增强能力的好机会，我们要好好珍惜，我还要对千方百计诬陷我的人表示无限的谢意。"

企业发展咨询公司主席加夫尼认为，一个人敢不敢冒险取决于他如何看待失败。因为，每个人对失败的看法各不相同。对于那些希望从自身经历中获益的人来说，即使这意味着失败，其教训也会非常有益。

　　"人们或许应从另一个角度来理解失败，"加夫尼说，"它不是我们想象中的那样了不起，大家也没必要对它太敏感。事实上，每一次挫折与失误都是学习与成长的机会。"

　　刘强是一个土生土长的农村娃，父亲是位农民，没什么手艺，一辈子都熬在田里，靠那么一点点收成难以维持家里开支。

　　母亲躺在床上大半辈子了，不但对这个家没有任何贡献，而且每天都要专人服侍起居生活。刘强是长子，家里还有弟弟妹妹五个孩子，因此他家成了乡里的特困户，一家八口主要的经济来源就是政府的救济，家中主要负担都落在他和父亲的肩上。从刚上中学时起刘强的父亲就说，如果刘强学习成绩不好，或不能以乡里的第一名考进重点高中，就让他辍学回家帮着干活挣钱，以减轻家里负担。于是刘强尽量帮家里干农活且不耽误功课，一大早别人还都在睡梦中，刘强就把早饭做好，收拾屋子，照料母亲，然后自己匆匆吃点早饭就一路小跑到学校，开始一天的学习。上午最后一节课下课铃声一响，刘强就跑回家里，照顾母亲和弟妹吃完饭再匆匆返回学校。晚上放学，刘强从来不像别的孩子一样边走边玩，而是跑回家帮父亲做点农活，然后做饭。等全家人都睡觉了，他才开始一天的复习。他深知自己家的情况不同于别人，他无法选择别的生活，他也从未抱怨过什么。

　　就这样，他坚持到初三毕业，并以全乡第一名的成绩考入县中，开始了三年的高中生活。这都是他劳动和辛苦换来的。然而，不幸再次降临到这个苦命的孩子头上，刘强的父亲突然患了中风瘫倒在床。家中的顶梁柱倒了，所有的生活重担顿时都压在了刘强身上。

　　面对躺在床上的父母和刚进学堂的弟弟、妹妹，刘强深感责任重大。虽然父亲再三让刘强放弃学业，回家干活，可刘强坚持不离开学校，他知道只有读书才能为这个家做更大的贡献。于是他找两个舅舅帮忙去劝父亲，并且保证学费全由自己负担，父亲才勉强点点头。于是，刘强更加刻苦，他白天在学校学习，晚上就在书店打工，常常是深夜十一点才回学校。那时同学们早已上床睡觉了，刘强拖着疲惫的身子在厕所的灯光下继续复习当天的功课和预习第二天的功课。过重的劳累和营养不良一步步压迫刘强，他老是感觉浑身无力，头晕，精神不集中，晚上失眠，学习成绩开始下降。经校医诊断，他得了严重神经衰弱，建议休学一年，好好疗养。这消息犹如晴天霹雳，但倔强的他坚持参加高考，拒绝医生的建议，并且保守着这个秘密。眼看离高考越来越近，刘强身体状况也越来越糟，他坚持着，直到考完，他终于倒下了。结果可想而知，他落榜了。

　　一连串的打击，令刘强感觉就像世界末日到来一般。于是他被迫扛起父亲扛过的锄头，在父亲耕过的田里干起农活来，但还一心想着上学，他总发呆地看路过的三三两两的学生去上学。在地里干了几个月农活后，刘强经过一番思想斗争，毅然决定抛下锄头，继续读书。他不甘心就这样下去，不愿意和父亲一样过一辈子脸朝黄土背朝天的生活。他跑回家对父亲说："我要上学，我要上大学，我要用另一种方式来养这个家！"父亲流着眼泪对他说："孩子，爸也想让你上学，可家里哪有钱让你继续读书啊，看看这个家是多么需要你照顾呀！""学费和生活费我自己可以赚，至于家里我已经告诉了李奶奶，她会来照顾你们，我把赚的钱每月付给她一点就行了，我只要爸让我回学校读书。"父亲看着儿子那强烈的求学欲望，含泪点了点头。

　　刘强回到了学校，又开始了半工半读的生活。他每天清早和傍晚就穿梭在县城大街小巷，单薄的身体拉着一辆破旧小推车，嘴里吆喝"收破烂——"日子一天天过去，县城许多人都知道了这个边读书边挣钱的孩子，有些好心人要么给他点吃的东西填填肚子，要么给他件穿过的衣服防寒，要么把一些不算旧的东西贱价卖给他。

　　功夫不负有心人，那年高考揭榜，刘强以全县第一名的成绩考取了中国人民大学。当这个衣着破旧、面黄肌瘦的文科状元出现在电视台前时，许多人都在惊叹："这不是那个收破烂的孩子吗！"

　　从我们呱呱坠地的那一刻起，就意味着我们要接受各种失败的考验。从第一次跌倒到站起，从咿呀学语到口齿伶俐，从幼稚到成熟，对任何一个人来说，失败是无处不在的，而成功就在不远处等着你。虽然，我们总是送给亲朋好友几句真诚的祝福"万事如意""一切顺利""天天开心"等等，但我们不能逃避生活的现实，天天幻想那些完美的生活境界。人之所以追求完美，是因为生活中没有完美。"不如意事常八九"才是正常的人生。所以当我们面对失败应该用一种平常心去对待，做好失败的打算。

美国著名演讲家希·道格拉斯说："伟人区别于凡人的地方就在于面对挫折时，伟人能够掌握和控制失败使之向成功的方向转变。"

第一章　失败不要紧，相信成功最重要

25

第二章　贫穷不要紧，积蓄力量最重要

　　"穷且弥坚，不坠青云之志"。这句话的意思就是鼓励人们在艰难困苦的境遇中，不能丧失掉自己的理想与志向。

 ## 穷且弥坚，不坠青云之志

"初唐四杰"之一的王勃，在其著名的文章《滕王阁序》中，有这样一句千古以来激励着穷困之士奋斗不息的名言："穷且弥坚，不坠青云之志"。这句话的意思就是鼓励人们在艰难困苦的境遇中，不能丧失掉自己的理想与志向。

在当今时代，一个人，即使他身无分文，但只要以这句话为座右铭，不断地鞭策自己，就可以成为一个有作为的人，一个可以通过自己的努力改变命运的人，一个最终能赢得财富的人。

与"穷且弥坚，不坠青云之志"这句话正好相反，我国民间有句流传久远的俗语，叫做"人穷志短"，古往今来，有许多人深受这句俗语的危害而不能自拔，终其一生都是穷困潦倒，碌碌无为。

尽管我们一向同情弱者、同情穷人的遭遇，但我们也不得不承认，"人穷志短"确实在当今社会许许多多的穷人身上体现着。比如，遍布我国大中城市的乞丐现象。我们并不否认确实有一些生活无着的人被迫走上行乞之路，但恐怕其中多数还是因为缺乏改变自己贫穷身份的志向和勇气，也就是所谓的"志短"吧，毕竟我们今天的社会已经并不缺少依靠诚实劳动获取基本生存条件的机会了。当然我们也不排除还有个别一些人，把行乞作为自己的发财途径，而这骗取人们同情心的行为，实在是与行骗无异了。又比如，在某些落后的地区，有农民把政府扶持自己发展生产的资金用来买酒喝，这显然也是一种"人穷志短"的典型表现。

当然，现实中更多是"穷且弥坚，不坠青云之志"的好人，正是由于有这样的穷人和已经成为富人的"前穷人"，推动我们的社会在不断进步。

在贫穷的境况下，人每天为了衣食生存奔波，确实也容易挫伤和泯灭人的进取心、志向与奋斗精神。所以，这也就是造成"人穷志短"的客观原因。再有，人在贫穷中挣扎、生存、活命是第一要义，即使立志，也往往是小志、短志，而立大志、长志则对人的要求较高，不是一般人所能做到的。比如，在兵荒马乱的年代，不要说穷人，就是所谓的有钱人，也要经常为生命担忧，所以能够平安活命恐怕就是那个年代绝大多数人的志向。再比如，在三年困难时期，很多农民为了不饿肚子而外出逃荒，画家罗中立在20世纪80年代曾经作过一幅表现四川农民逃荒讨饭的油画，在当时引起社会强烈反响。你说，对于那些农民，你能要求他有什么"志"，哪怕是"小志"、"短志"？但是，贫穷，尽管仍然制约一些人的"志"，但高远之志、鸿鹄之志，却是可期可求的。

人穷不能志短，人穷也可以有大志。在这方面许多先驱和伟人为我们做出了榜样：

秦末农民起义领袖陈胜、吴广，原本是失去自由的囚徒，却发出了"王侯将相，宁有种乎"的呼声，最终在中国历史上留下了光辉一笔。

美国独立战争时期的领导人林肯，早年不过是靠为人擦皮鞋糊口的穷小子，就因为从小有远大抱负，而最终成为美国历史上最伟大的人物之一。

更有许多的富豪、企业家、实业家，虽挣得无数财富，也都是出身寒门、赤手空拳打天下的典范。

因此，目前没有钱的人应当将贫穷看作是一个学校，在这个学校中，你将获得与贫穷斗争的信念，最终，你将战胜贫困，实现富有。

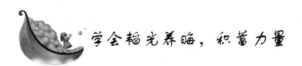

学会韬光养晦，积蓄力量

我们必须承认这样一个现实，在生活中，那些没有钱的人，日子的确不好过。但是，对于真正有骨气的人而言，在没有钱的日子里，生活穷困潦倒，四处碰壁，遭人白眼，这种种挫折和经历，正可以极大地激发自己去努力追求成功，使他们韬光养晦，积蓄力量，以便将来成为令人羡慕的有钱人。

1840年，张振勋出生于广东大埔基一个乡村私塾先生的家中，因为家中生活窘困，他在私塾中跟着父亲读了几年书，十三四岁就不得不辍学到姐夫家去放牛。

有一次因为看书而忘了管牛，牛吃了人家田里的秧苗，主人告到姐夫家里，要求赔偿，姐夫气得狠狠地打了他一记耳光，还说："死人还能守住四块棺材板，你连一头牛都看不住，真是连死人都不如！"小振勋赌气说："你不要太看不起人，将来我发了财……"姐夫不等他说完，就冷笑起来，说："你也发财？除非太阳从西边出来。"

小振勋气得脸色发青，转身就跑回家去了。没有人能相信张振勋的话，但是，他却把这当作人生的理想，虽然四处碰壁，却能以极大的热情为自己的理想而努力。

1896年后，他迎来了命运的转折点，开始大力发展自己的事业，创建张裕酒业，经过前后十几年的苦心经营，到1908年，他的事业已走上了台阶，1914年，他酿的酒先后获得了民国政府颁发的二等嘉禾勋章，1965年，又获得了国际金牌奖章。至此，实现了自己成功的愿望，因为酿出了名扬四海的好酒，而成为了一个富翁。

没有钱的日子的确是人生最痛苦、最艰难的事情，但是，只要我们执著于自己的梦想，就一定能取得人生的成就。当然，这不是一句空话，这需要我们坚韧不拔，从各个方面积蓄力量。

知识是奠定成功的一种财富，在没有钱的日子里，不断地学习，补充自己知识的浆液，才能够推动自己不断前进的步伐。

知识可以开阔一个人的视野，增添自己的智慧，只有在没有钱的那些艰难日子不断学习，才能够奠定自己成功的基石。

任何一位希望有所成就的人，都应该在没有钱的日子里，把种种挫折和磨难，当作实现成功前的一种磨炼。

松下幸之助在很小的时候，父亲就因病去世了，临终前，父亲把家庭的重担交到了他的身上，尽管穷困潦倒，又遭人白眼，受尽磨难，但是他志气轩昂，没有在艰难面前低首和气馁，而是把这些艰难当作实现成功前的一种磨难，从中学习和汲取帮助自己实现成功的浆液，这样，一步步地实现了成功的愿望。

　　人生的道路有起有伏，只有我们把没有钱的日子，当作实现成功前的磨炼，就能够一步步地踏上成功的道路。

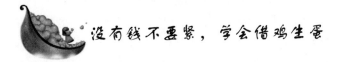
没有钱不要紧，学会借鸡生蛋

　　每一个没有钱的人都想变得富有，而且，变富的时间越短越好。而从商务运作的实际情况来看，要先投入，然后才有产出。有多大的本钱做多大的生意，想做多大的生意就要先去筹集多大的本钱。

　　当然，钱是一个从无到有的过程。大多数人在创业之初，资金都非常少，这点资金做小本生意挣小钱尚还可以，做大生意赚大钱就没办法了。而用小生意去进行资金的原始积累，那要等许多年以后才能变成富有。最好的办法，是用别人的银子，做自己的生意。

　　每一位想借鸡生蛋的穷人，都要向美国富豪路维格学习，因为他就是一个借鸡生蛋的高手。

　　路维格一心想成为亿万富翁，但直到 40 岁时，他还是从这个港口跑到那个港口找活干。有时赚钱，有时赔钱，甚至破产。他唯一的家当就是那艘老油船，跟着他颠沛流离。

　　路维格整天都在想着如何发财。最后，还是老油船给了他灵感。他跑到大通银行，对银行职员说他要借钱。那位职员看了看他的破衬衫领子，轻蔑地问他拿什么做担保。路维格便搬出了那艘老油船，说他正把船租给一个石油公司，每月的租金正好可以分批还这笔款子。银行还是有点犹豫，路维格便主动建议把租契交给银行，由银行去跟那家石油公司收租金。

　　一般来说，银行是不会接受这种非分要求的，但大通银行看重了那家石油公司的信用，而路维格当时是没有什么信用可谈的，因此，便借给了他一笔钱。获得了第一笔贷款后，路维格马上买了一只旧的货船，改成油轮后租了出去，再拿着租契到银行贷款，再买船。如此反复了好几年。每当一笔贷款还清之后，路维格便成了一

第二章　贫穷不要紧，积蓄力量最重要

条船的主人，年复一年，路维格拥有了自己的几艘船。于是，他开始搞起航运，但规模还远不能和那些大航运公司一争高下。

路维格需要更多的船，再以这样的速度添船已经很难行得通，于是，他想出了一个更妙的主意。既然他能用一艘现成的船来借钱，那为什么不用一艘还没有造出的船来向银行借钱呢？

想到这里，路维格笑了，他立即请人设计了一艘大油轮，然后拿着图纸去找人，愿意在造成之后，把船租出去。很快就有人和他签订了租契。路维格又跑到银行，故伎重演。这时，他已经拥有了一支小船队，信用当然也就没有问题了。银行很快借给他一笔钱，并且按照他的要求，在船下水后分期摊还这批借款。

路维格就这样滚雪球般地把一条条新船开进了自己的船队，使自己的财富一天天地增长着。但人们却看不出其中有什么不合道理的，就连大通银行的一位专家也说："路维格发明了一种创造性的借钱方式。"

"要想让鸡下蛋，又想不给鸡儿加饲料"，须知，世间没有如此便宜的事。借鸡下蛋的方式虽然层出不绝，但关键的一点是要让对方认可：他的鸡为你下蛋的同时，他也得到了好处。

世界富豪詹姆斯·林恩与路维格借钱的方式不同，他找的不是银行，而是广大民众。

林恩早年独立，办起了林氏电器公司，生意颇佳。但所得税把他搞得很惨，想干点大事，面临着资金缺乏的困境。

林恩开动脑筋反复思考，发现只有一个办法能够解决他面临的危机，那就是成立股份公司，公司发行股票。这样，既能避免所得税，又能更多筹集到资金。

他办好了手续，把公司改名为"林氏电器股份有限公司"。发行80万股股票，自己留下一半，其余的40万股以每股2.5元的价格卖给大众。

林恩和几个朋友到街上换门挨户地推销股票，甚至跑到得克萨斯州大做宣传。三个月后，40万股都卖了出去，公司得到了75万元的新资金。与此同时公司以及林恩手中的那40万股也获得了一个新的市场价值。更可喜的是，股票行情还在上涨。

林恩用大众手中的钱来做大自己的事业局面，大众是他下属的"鸡"，当然，他的股票价格上涨，也使大众深受其利。

 ## 在冒险中实现财富梦想

对于一个身无分文的穷人来说，为了摆脱现状，实现财富梦想，冒险是必然的选择，除非老鼠走进厨房，否则它永远吃不到牛肉。当然，即使是老鹰也知道，不可攻击比自己强大的敌人，或在饥饿的敌人面前慢条斯理地进食。

同样地，成功的创业者也不会冒没有把握的风险，他们会在可控制的范围内，以时间、技巧及自己，为未来的梦想下赌注。严格说来，这是"精心计算"的冒险。因此，对成功创业的人而言，风险不仅是得到报酬的机会，也是使自己学习、成长的机会。

纵观一切功成名就的人，他们几乎都有一个共同的品质，就是敢想、敢干、敢于冒险，遇事都要试图了解事物的根底。

世上千千万万的人，都埋怨自己时运不济，穷困潦倒，他们老是在想为什么人家会成功，自己却一贫如洗。其实，他们不知道造成失败的主要原因是他们自己，是他们自己不肯把全部精神贯注到带有风险的壮丽事业中去。

如果一个人抱着"万事俱备，以后再行动"的错误念头，那么你注定一生与贫穷为伍，人们会嘲笑你是"癞蛤蟆想吃天鹅肉"式的痴心妄想。

所以真正的成功者，应当知难而进，遇难而上，要有一种义无反顾的冒险精神。

每一个冒险都会带来许多风险、困难与变化。假设你从芝加哥开车到旧金山，一定要等到"没有交通堵塞、汽车性能没有任何问题、没有恶劣天气、没有喝醉酒的司机、没有任何类似意外"之后才出发，那么你什么时候才出发呢？你永远走不了的。当你计划到旧金山时，先在地图上选好行车路线，检查一下车况以及其他尽量排除意外的做法。这些都是出发前需要准备的事项，但是仍无法完全消除所有的意外。

西班牙马克曼特电器商店的老板埃米利奥·巴贝罗，在广告词中说："如果西班牙队能在巴塞罗那奥运会上获得奖牌数超过 10 枚，那么从 6 月 3 日至 7 月 24 日这段时间凡是在他的商店里买电器的顾客，可以得到退款。"

此招果然灵验，去年同期到该店买电器的只有 500 人，而今年猛增到 1000 人。不料西班牙运动员以让全世界瞠目结舌的速度大捞金牌，经此番努力居然挤进了前 6 名。而由此带给该店的退款总额将等于 1000 名顾客每人白拿走一个 1000 美元的冰柜。不要着急，该店精明的老板早就留了个心眼，他事先去保险公司投了保，结果他把这笔巨大的损失转嫁给了保险公司。

巴克曼特商店的老板想出这一销售绝活正是他抓住了巴塞罗那奥运会这一享誉全球的活动，大做家电生意。其绝活还在于他名为冒险，实际上早已把危机转嫁给了保险公司，而他却为自己赢得了顾客，开拓了市场，创造了高效益。

事实上我们每个人无时不生活在冒险中，生活也因为人们的勇于冒险而变得更加丰富多彩。因此，许多胸怀大志的但境遇不佳的人，首先应该做的是在理智中去冒必须冒的险，成功的桂冠终将属于你。

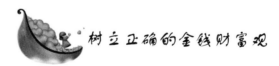

树立正确的金钱财富观

钱是否能决定一个人的成功？或者说一个当代人能不能用钱衡量呢？这个问题决定于人对金钱的态度。

大家都知道"只许州官放火，不许百姓点灯"的故事，故事的主角是古代中国迂腐派的代表人物田登，为了避讳"登"字才不许说"点灯"。但是大家不知道，关于田登先生，还有这样一个故事：

田登因为发出布告让百姓"放火三日"事件被罢官后，准备做点小生意，于是和孙子到市场上买了一头驴，这头驴却给他带来了麻烦。他让孙子骑着驴走时，有人议论孙子太不懂孝敬老人，应该让田登骑。于是，孙子就下了驴。让田登骑着走。这时，又有人指指戳戳，说他不疼孙子。一气之下，爷孙俩干脆都不骑了。这时又有人笑话他俩放着驴不骑，简直是天下第一号的大傻瓜。两个人没办法，只好一起骑到了驴上。却又遇到有人指责他们太残忍，两个人骑在这么一头小毛驴上。无可奈何之下，田登爷孙俩只好用绳子把驴绑起来，抬着回家了。

在金钱问题上，很多人和前面抬驴的田登爷孙俩一样，总是在各种议论面前失去自我。

在金钱面前，人可分成下面几类：一类叫金钱拘束型，特点是面对金钱拘谨腼腆，不敢正视金钱这个敏感的话题；一种叫金钱狂妄型，特点是把钱当成壮阳药，有点钱就硬邦邦的；第三种叫金钱奴婢型，认为金钱高高在上，是自己的主人，甘心做钱的牵线木偶。

金钱观取决于人生观、价值观，树立正确的金钱财富观，不仅仅是对财富的解放，也是对生活的提炼和对自身的解放。只有在正确金钱观的指导下，人才能成为金钱的主人，成为真正的成功者。

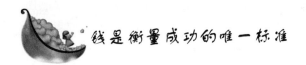

钱是衡量成功的唯一标准

许多人以为金钱是衡量成功的唯一标准，其实，这是一种十分错误的看法，古往今来，有多少名人志士都被列为成功者的先列，而他们却并不是有钱的人。

画家梵高一生穷困潦倒，度日艰辛。但是，他执著于自己的绘画事业，把一生的心血都倾注于他的创作之中，在短短的30年生涯中，他经常依靠自己弟弟夫妻两个人的接济而勉强维持生计。在他活着时，一直默默无名，但是，在他死后一百多年的今天，他的画作已经达到了价值连城的地步，许多世界上著名的艺术画廊、博物馆都以收藏他的作品为荣，那么，无可否认，他是一个成功的人

士了。

另外一个例子是贝多芬。

贝多芬一生坎坷，没有建立家庭，26 岁开始耳聋，晚年全聋，只能通过谈话册与人交谈，但是，他却用自己的音乐感动了这个世界，从《命运交响曲》到《英雄交响曲》，他的每一部音乐出来，都会震惊世界乐坛，今天。当人们谈起他的名字时，都有一种仰慕和尊敬的神色，无可否认，他虽然没有钱，却绝对是一个成功的人士。

21 世纪是打造成功的世纪，全球一体化经济浪潮把所有人卷入了迅猛变化的世界里。人们有太多的机会和太多的选择，而在这多样的机会选择中，许多人都把金钱当作衡量成功的唯一标准，结果陷入了追求成功的泥潭之中。所以，我们在确立人生的目标后，要确立追求成功的正确价值观，千万别陷入追求成功的泥潭之中不能自拔。

许多人都把追求成功与追求金钱混淆在了一起，以为追求成功就是追求金钱，赚的钱越多，说明个人在奋斗的路上取得的成就越大。

美国《时代》周刊创始人亨利·鲁斯有一句话，现在成了许多中国人的座右铭："赚钱引以为荣，赚更多的钱更加引以为荣。"于是，许多人有了钱就开始不断地向人夸耀，或者进行炫耀性的消费，沉醉于大吃大喝，迷恋于名车名表，争奋斗富，挥霍浪费得像一个愚昧而又堕落的精神病人，完全违背人生中追求成功的真正初衷。

美国大富豪保罗·盖蒂说过："我并不以拥有多少钱来衡量我的成功，我以我的工作和我的财富所造成的就业职位的生产物品来衡量成功。"

保罗·盖蒂的话道出了成功的实质，即衡量一个人成功的标准在于他对社会所作的贡献大小，而不是挣的钱多少。所以，我们在追求成功的道路上，就要特别注意区别对待，千万别把追求成功与追求金钱等同在一起，这样容易陷入追求成功的误区，影响了自己的成功。

因此，追求人生成功的人必须树立正确的观念，摆正自己的心态，千万不要在追求成功的道路上成为一名拜金主义者，这不利于个人事业的发展。

第二章　贫穷不要紧，积蓄力量最重要

第三章　挫折不要紧，永不放弃最重要

　　挫折并不可怕，可怕的是放弃，等待，慌乱。在挫折来临的时候，不必慌乱，千万别束手无策，要全力以赴，从能做的做起。

 面对挫折，不要慌乱

挫折并不可怕，可怕的是放弃，等待，慌乱。在挫折来临的时候，不必慌乱，千万别束手无策，要全力以赴，从能做的做起。同时，以强烈的求新求变意识，摸索、创造对策，在最短的时间内，扭转败局，反败为胜。

美国的波音公司和欧洲的空中客车公司曾为争夺日本"全日空"的一笔大生意而打得不可开交，双方都想尽各种办法，力求争取到这笔生意。由于两家公司的飞机在技术指标上不相上下，报价也差不多，"全日空"一时拿不定主意。

可就在这关键时刻，短短两个月内，世界上就发生了三起波音客机的空难事件。一时间，来自四面八方的各种指责都向波音公司汇集而来。

这使得波音公司蒙受了奇耻大辱，产品质量的可靠性也受到了人们的普遍怀疑。这对正与空中客车争夺的那笔买卖来说，无疑是一个丧钟般的讯号。许多人都认为，这次波音公司肯定是输定了。但波音公司的董事长威尔逊却并没有为这一系列的事件所击倒。他马上向公司全体员工发出了动员令，号召公司全体上下一齐行动起来，采取紧急的应变措施，力闯难关。

他先是扩大了自己的优惠条件，答应为全日空航空公司提供财务和配件供应方面的便利，同时低价提供飞机的保养和机组人员培训。接着，又针对空中客车飞机的问题采取对策。在原先准备与日本人合作制造 A3 型飞机的基础上，提出了愿和他们合作制造较 A3 型飞机更先进的 767 型机的新建议。空难前，波音原定与日本三菱、川琦和富士三家著名公司合作制造 767 客机的机身。空难后，波音不但加大了给对方的优惠，而且还主动提供了价值 5 亿美元的订单。通过打外围战，波音公司博取到了日本企业界的普遍好感。在这一系列努力的基础上，波音公司终于战胜了对手，与"全日空"签订

对自己说不要紧

了高达 10 亿美元的成交合同。这样，波音公司不光渡过了难关，还为自己开拓了日本市场，打了一场反败为胜的漂亮仗。

及时应变，就能在被完全击垮之前扭转局面，掌握主动权。在应变时，应注意以下几点：

（1）立足于自我优势，如人员优势、地形优势、技术优势等，充分利用，充分发挥，以此展开对策。

（2）充分了解对方的需要，做好有针对性的准备。

（3）多付出一点点，以小利博大利。

（4）诚信待人，博得他人的信任，赢得他人的合作。

学会应变，遇到挫折时，不要消极躲避，更不要以硬碰硬。全力以赴，靠你敏捷的思维化险为夷。

1991 年 9 月，名声显赫的中国台湾海霸王食品公司发生了中毒案，致使该公司的信誉一落千丈，营业额只有原来的 10%。然而，在类似的情况下，美国乔克尔恩逊药品公司却能平安地渡过挫折。事情发生之后，该公司迅速采取了周密的应变策略，全力推行挫折管理，制定了"终止死亡、找出原因、解决问题、通告公众"的重要决策。在获悉第一个死亡消息 1 小时内，公司人员立即对这批药品进行化验，结果表明阴性。但他们还是花费大量经费通知 45 万个包括医院、医生、批发商在内的用户，请他们停止出售并立即收回该公司的药品。同时撤销所有的电视广告，把事实真相以及公司所采取的对策迅速向公众告知。公司最终消除了公众的误解，仅仅三个月就恢复了生机。

英国航空公司曾遇到这样一件事：一次，一架由伦敦经纽约、华盛顿飞往迈阿密的英国航班，因机械故障被迫降落后在纽约禁飞。乘客对此极为不满，对英国航空公司怨声载道。该公司立即调度班机，将 63 名旅客送往目的地。当旅客下机时，英航职员向他们呈递了言辞诚恳的致歉信，并为他们办理退款手续。63 名乘客免费搭乘了此班飞机。此举异常高明。尽管英航损失了一大笔钱，但起了力挽狂澜之功效，大大弱化了乘客的不满情绪。英航的这一举措被人们广为流传，英航声誉不仅未受损，反而大大提高，乘客源源不断。

面对挫折，不要麻木地不知所措，要学会应变，根据不同的情况做出相应的变通。这样才有可能克服挫折，有可能通向成功。

 挫折就如树上的年轮

挫折就如树上的年轮，是生命点滴的记载，是人们一切经历的写真。没有一个人能够不经历一点挫折就走向成长，就如同大海里没有不带伤的船一样，人生之中经历挫折再普通不过，没有必要因为遭遇挫折而绝望。

在一次拍卖会上，英国劳埃德保险公司曾买下一艘船，这艘船是从 1894 年开始下水的，它在大西洋上曾遭遇 138 次冰山，碰触过 116 次暗礁，13 次起火，207 次被风暴扭断桅杆，然而它从没有沉没过。

劳埃德保险公司就是基于它不可思议的经历以及它在保费方面带来的可观收益，最后决定把它从荷兰买回来捐给国家。之后这艘船就停泊在英国的国家船舶博物馆里。

不过，这艘船之所以能够名扬天下还和一名律师有关。当时，那个律师刚打输了一场官司，他的委托人也于之前自杀了。虽然这不是他的第一次辩护失败，也不是他遇到的第一例自杀事件。但是，每当遇到这样的事情，他总有一种负罪感。他一直不知该怎样安慰这些在各方面遭受了不幸的人。

有一次当他在船舶博物馆看到这艘船时，忽然有一种想法，为什么不让那些失意的人来参观这艘船呢？于是，他就把这艘船的历史抄下来和这艘船的照片一起挂在了他的律师事务所里。每当有委托人请他辩护时，无论输赢，他都建议他们去看看这艘船。于是在以后的日子中，有成千上万的人从不同的地方赶来，参观这艘经历了无数劫难的船。

一艘伤痕累累的船不但被保险公司拍下，而且还被停放在了英国萨伦港的国家船舶博物馆里，引来高达千万的人来参观。一艘普通的船为什么会产生如此大的轰动效果呢？原因很简单，人们从这艘船的经历中，悟出了一个不同寻常的人生道理——在大海上航行的船没有哪艘不带伤。

这艘船的故事告诉人们，生活中任何人都会遇到困难、阻碍、挫败和灾难。这些都是再普通不过的事，因此没有必要因为这些而放弃对新生活的希望和畅想，我们的生活也不会因为这些创伤而失色，只要我们始终保持一颗不畏艰险的心。

事实上，人生又何尝不是一场航行呢？纷纷扰扰的社会又何尝不是大海呢？在人生这个浩瀚的海洋里，我们每个人都像是一艘小船，在通向彼岸的过程中，谁都会遇到风浪——不幸、苦难，甚至灭顶之灾。只不过真正的强者，能够坚强地在最短的时间内以最快的速度把自己的伤口修复好，然后继续勇敢前进。也只有这样，我们的人生之路才能够越走越宽。

1992 年，赵志刚走上了创业之路，他参与创立了一个资产规模超过亿元的房地产公司。由于后来未能顺利度过"房地产泡沫潮"，他的公司于 1995 年宣告破产，他也因此背负了一身债务。

后来经过对经济形势的分析比较，他决定到深圳去开始新的事业。初到一个陌生的地方，没有资金、没有人脉，他的困境可想而知。在接下来的两年中他先后遭遇三次大的失败，最穷困潦倒时他口袋里甚至拿不出钱来吃饭……

困境中的他这时想起了自己曾在海南听过的成功训练课，走投无路的他决定将此作为新的创业起点，之后他走上了自由职业讲师之路，由于都是亲身体会，所以他讲的课非常受同学们的欢迎。开始时，他只能靠每晚 1 小时 30 多元的讲课费度日，到了第二个月，他一天能得到 2000 元的讲课费。再后来，他每小时讲课费达到 6000 元。

现在，他成立了自己的咨询公司，主要从事成功训练。

赵志刚之所以最终能够成功，就在于他把生活的挫败和不顺看得很淡，从不因此而否定自己，一直都对生活抱有积极的渴望，所以最后他成功了。和赵志刚不同，一个禁不起生活中风浪侵袭的人，只会在挫败和不幸当中沉沦，以至于到后来失去真我本色，变得自己都不再认识自己。

周艳丽是一个家境不错的女孩，上中学时她成绩在班里一直遥遥领先，很多老师都断定她能够考上重点大学。可不幸的是，她第一次参加高考发挥失常，竟然连个本科都没考上，这对成绩一向不错，自尊心又极强的她来讲这简直是一个不可承受的打击。

高考失利后，她郁闷了一个夏天，最终她扔掉了专科的录取通知书，决定复读，再拼搏一次，一整年她都在盼望高考能一洗自己的耻辱。

可是命运再次跟她开了一个玩笑，这一次她同样只考上了专科。面对这样的结局，她绝望了，到了入学的时候她默默地收拾行囊去了这所专科学校就读。

到了学校，她看哪都不顺眼，在她看来这样的学校跟她简直不能联系到一起，所以在同学们举行各种活动时她都不参加，还常常把自己一个人反锁在宿舍里，因此人际关系也处得不好。

就这样晃悠了三年，虽然是大专院校，但是也有很多学生因为努力学习，积极参加社会实践被很多好的单位录用，而她却因为期末考试成绩平平，平时又很少参加社会活动而无单位问津，最后她只好打包回家待业。

相信发生在周艳丽身上的事情，也曾发生在我们身边的很多人身上。心高气傲其实改变不了现实，经历挫败和打击是每个人都无法避免的事情。

每个人从呱呱坠地那一刻开始，就开始了自己的人生之旅，谁都希望自己的人生之路无风无浪，远离艰辛，没有暗礁险滩，不为风雨所累，不为荆棘所伤。但现实是残酷的，任何人都必须经历各种磕磕绊绊，这些磕磕绊绊有时候并不可怕，往往最可怕的是一颗心的堕落。

如果我们能够像赵志刚一样在生活的磕绊中积极应对，矢志不渝，那么我们最终不仅能够战胜困难，还能从困难中练就一身很强的本领，从而赢得成功。相反如果我们都像周艳丽一样禁不起生活的考验，那么我们最终的结果就是平庸，甚至失败。

面对挫折，要自强不息

不论你生长在什么样的环境下，只要你拥有不灭的意志，积极的心态，自强不息，做出艰苦的努力，你就会成长为一个勇敢、坚强的人！正如文天祥所说："君子之道所以进者，无法，天行而已矣。"一个自强不息的人，似乎上天都垂青于他。

前苏联火箭之父奥尔科夫斯基 10 岁时，染上了猩红热，持续几天的高烧，引起了严重的并发症，使他几乎完全丧失了听觉，成了半聋。然而，他默默地承受了其他孩子的讥笑和无法继续上学的痛苦，在父亲的帮助下自学了物理、化学、微积分、解析几何等课程。就这样，一个耳聋的人，一个没有受过多少正规教育的人，一个从未进过中学和高等学府的人，由于始终如一的勤奋自学、自强不息，终于使自己成了一个学识渊博的科学家，为火箭技术和星际航行奠定了理论基础。这是何等的毅力！

面对挫折与磨难，我们要敢于拼搏，自强不息。自强是比朋友、金钱以及各种外界的援助更为可靠的东西。它能排除阻碍、战胜艰难，能让平凡的人生创造惊人的奇迹！

一位原籍上海的中国留学生刚到澳大利亚的时候，为了寻找一份能够糊口的工作，他骑着一辆自行车沿着环澳公路走了数日，替人放羊、割草、收庄稼、洗碗……只要给口饭吃，他就会放下身架全心全意去做。

一天，在唐人街一中餐馆打工的他，看见报纸上刊出了澳洲电讯公司的招聘启事。留学生担心自己英语不过关，专业不对口，就选择了线路监控员的职位去应聘。过五关斩六将，眼看他就要得到那年薪 3.5 万元的职位了，不想招聘主管却出人意料地问他："你会开车吗？你有车吗？我们这份工作要时常外出，没有车是不行的。"澳大利亚公民普遍拥有私家车，无车者寥寥无几，可这位留学生初来乍到连糊口都难以保证，更别谈私家车了。然而为了争取到这个极具诱惑力的工作，他不假思索地回答："有！会！……""那好！"

主管说："4 天后开着你的车来上班。"

4 天之内要买车、学车谈何容易，但为了生存，留学生豁出去了。他在华人朋友那里借了 500 澳元，从旧车市场买了一辆外形难看的"甲壳虫"。第一天，他跟华人朋友学简单的驾驶技术；第二天，在朋友屋后的那块大草坪上摸索练习；第三天，驾车歪歪斜斜地开上了公路；第四天，他居然驾车去公司报了到。时至今日，他已是"澳洲电讯"的业务主管了。

这位留学生的专业水平如何我们无从知晓，但没有人不佩服他的胆识和自强不息的精神。如果他当初畏首畏尾地不敢向自己挑战，那他绝不会拥有今天的辉煌成就。那一刻，他毅然决然地斩断了自己的退路，让自己置身于命运的悬崖绝壁之上。正是面临这种后无退路的境地，一个人才会集中精力奋勇向前，从生活中争取到属于自己的位置。

自强是一把开启"成功之门"的钥匙。自强是生发前进动力的源泉。

在风平浪静的湖面上驾驶船只，是不需要大量的技巧与丰富的航行经验的。只有在波涛澎湃、波浪排空的海面上行驶，舵手的航海能力才能被检验出来。

我们不要为经济窘迫、事业惨淡、生活艰难而悲伤叹气，其实这正是我们获得最大的长进的时候。

来自外界的援助，在当时看来似乎是一场"及时雨"，但它最终也许是一种"祸害"，因为它让你错过了自强上进的机会。当你一遇到困难就出手相助的并不一定是你真正的贵人，而那些督促你、鼓励你去自立自强的，才是你真正的贵人。

世界上有无数身体残缺的人，然而他们比正常人更坚强，他们拒绝亲友的接济，只靠自己的双手养活自己。

当一个人沦为"寄生虫"的时候，他实际上已不再是一个"完整的人"了。如果只有依靠别人才能生活，只靠别人的给予过日子，那活着也便没什么意义了。而只有当自己拥有一份工作，有一定的地位，有自己的追求，我们才能感觉到自己是一个没有缺憾的人，才能感觉生活的充实，才能感到一种光荣与满足！所以，人活一世，必须努力奋斗，自强不息！

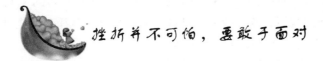

挫折并不可怕，要敢于面对

挫折并不可怕，关键是我们要敢于面对。碰到挫折，我们既不要抱怨，也不要逃避，而要勇敢地去正视它，并有打垮它而英勇拼搏的气魄。

美国著名电台广播员莎莉·拉菲尔在她三十年职业生涯中，曾经被辞退 18 次，可是她每次都放眼最高处，确立更远大的目标。最初由于美国大部分的无线电台认为女性不能吸引观众，没有一家电台愿意雇用她。她好不容易在纽约的一家电台谋求到一份差事，不久又遭辞退，说她跟不上时代。莎莉并没有因此而灰心丧气。她总结了失败的教训之后，又向国家广播公司电台推销她的清谈节目构想。电台勉强答应了，但提出要她先在政治台主持节目。"我对政治所知不多，恐怕很难成功。"她一度犹豫，但坚定的信心促使她大胆去尝试。她对广播早已轻车熟路了，于是她利用自己的长处和平易近人的作风，大谈即将到来的国庆节对她自己有何种意义，还请观众打电话来畅谈他们的感受。听众立刻对这个节目产生兴趣，她也因此而一举成名了。如今，莎莉·拉菲尔已经成为自办电视节目的主持人，曾两度获得重要的主持人奖项。她说："我被辞退 18 次，本来会被这些厄运吓退，做不成我想做的事情。结果相反，我让它们鞭策我勇往直前。"

不懂得在逆境中坚持就是胜利，正是很多人失败的根源。虽然成功需要天赋和智慧，但如果没有坚持到底的信念，那么，所拥有的才能又会发挥多少作用呢？人生处处充满了挑战，面对阻力，不是退却，而是迎难而上，才能取得明天辉煌的成就。

本田是一位性格刚毅的男子汉。他具有一种不惧艰难，知难而进的挑战性格。本田公司能在竞争异常激烈的汽车制造业里崛起，他这位不畏艰难、越挫越勇的领导者实在是功不可没。在 1955 年至 1965 年期间，日本制定了有关日本汽车工业的发展政策，为了提高汽车工业在国际上的竞争力，只允许 2 ~ 3 个制造汽车的厂家存在。政府也将动用财力支持这 2 ~ 3 家厂商，这就是有名的"特殊振兴法"。按此规定，本田技研会社就只能被封死在摩托车的领域内，或者被丰田汽车会社或日产汽车会社兼并。

面对这一严峻形势，本田勇敢地接受挑战。他认真分析了本田技研会社在生产技术上的特点并寻找出发展途径，下定决心，制定出了本田技研进入四轮车领域的战略决策。本田技研会社就是由于这一决定而发展成为今天能够生产各种轿车的"世界的本田"。

在挫折面前，你表现得越没有耐性，不愿意正视它，它就越喜欢戏耍你，越喜欢欺负你，这样你就必败无疑。那么，如何才能战胜自我呢？

科林讲述了自己亲身经历的故事：

若干年前，我实现了人生理想。建筑事业蒸蒸日上，有舒适的住宅，两辆新车，还有一艘帆船，婚姻美满，应有尽有。

这个故事的开头充满了喜庆圆满。然而，悲剧就在这个圆满中诞生了。

股票市场毫无征兆地崩溃，一夜之间，炙手可热的房子无人问津。要偿付沉重的利息，几个月就耗尽了储蓄。以为情况坏到不能再坏的时候，太太说要离婚。

不知今后如何是好，他决定"扬帆驶向夕阳"，沿海岸从康涅狄格州南下佛罗里达州。可是到达新泽西州海岸之后，他竟然转向正东航行，直奔大海。

"几小时后，我靠着栏杆，'让海水吞了我该多容易。'我心想。突然间，船被大浪托高再疾坠。我失去平衡，幸好抓住栏杆，但两只脚已浸了冰冷的海水里。我勉强爬回船上，吓坏了，心想：'是怎么回事？我可不想死。'从那时起，我知道必须振作，才能渡过难关。旧日生活已去，必须重建新生才行。"

科林决定忍受生活的艰辛，接受命运的挑战。其实，没有过不去的火焰山。世上并没有真正的失败，因为宇宙万物随时都处在发

对自己说不要紧

展变化之中。你正在经历的失败，其实不过是事物不断发展变化中的一幕而已。只要你能够忍耐，那么你就有战胜挫折的机会。

人一生中不会总是一帆风顺，难免会遭受挫折和不幸。但是成功者和失败者的区别就是，失败者总是把挫折当成失败，从而使每次挫折都能够深深打击他追求胜利的勇气。而成功者则从不言败，在一次又一次挫折面前，总是对自己说："我不是失败了，而是还没有成功。"

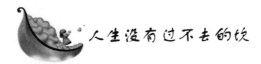

人生没有过不去的坎

人对困难的承受能力，其实很多时候远远超过人类自己的想象。人生有坎坷不算什么，只要面对生活的坎坷时，你不是坐在坎边等它消失。积极想办法去解决它，你就会发现人生没有过不去的坎。

战争年代，很多人因受不了折磨，选择了自尽。一个带着两个女儿和一个儿子东躲西藏的农村妇女看到这种情形之后，奉劝人们说："没有过不去的坎，敌人不可能一直都这么猖狂的，他们总有一天会被赶走，我们要等到那一天，不能自寻短见。"

她终于等到战争胜利的那一天，她的儿子却因营养极度缺乏而夭折了。为此她的丈夫伤心得病倒了，他在床上躺了两天两夜，不吃不喝。看着万念俱灰的丈夫，她流着泪对他说："儿子没有了，我们可以再生一个，人生没有过不去的坎。"

二儿子刚刚出生，丈夫又因抑郁成疾离开了人世。在面对人生的多次打击后，她没有就此绝望，之后她一个人含辛茹苦地把孩子们养大。后来生活也慢慢好了起来，两个女儿都嫁人了，儿子也结了婚，她逢人便乐呵呵地说："人生没有过不去的坎，你们看我现在的生活多好呀。"

可是，上天并没有因为她的坚强而就此放弃对她的"青睐"。儿女各自有了好的归宿后，按理说她该好好享受晚年的幸福生活了，可是她却在照看孙子时不小心摔断了腿，由于年纪太大了做手术很危险，所以一直没有做手术，每天只能躺在床上。儿女们看着她痛苦的样子，都痛哭流涕。她却说："哭什么呢？人生没有过不去的坎，只有过不去的人。虽然下不了床，可我还活着呀，我还可以做很多事情。"于是她开始坐在床上做针线活，然后把自己做好的手工艺品送给左邻右舍。

她在临终前，还对自己的儿女们说："都要好好过啊，没有过不去的坎。"

是的，人生没有过不去的坎。在面对人生的坎坷时，只要你坚持，不放弃，相信幸福就在不远处。即使坎坷一波接一波，只要我们始终不畏惧，始终坚信没有过不去的坎，坎坷都会在我们的脚下变成平川。

相反在生活中很多人每天为解决不了的问题而焦躁不安，唉声叹气，感觉自己的命运多舛。这样一味消沉的结果往往使事情不但毫无改变甚至还会变得更糟，就连他们自己也会因此变得毫无斗志、颓废不堪。

其实一帆风顺的人生是不存在的，任何人都不可能一直有好运相伴，也不会有人一直处在低谷。所以无论我们遭遇到了什么样的不幸，都不能因此绝望，要经常给自己积极的心理暗示，听取别人正确的建议，相信眼前的不幸只是暂时的，相信一切困难都会成为过去，一切美好很快就会到来，只有这样才能渡过眼前的坎，不让苦难把自己吞没，只有这样我们才能以最快的速度走过坎坷，摆脱不幸。

从前一座高山上有两条河，它们一起从山上出发，相约流向大海。之后，它们各自分别经过了山林幽谷、翠绿草原，最后在一片荒漠前碰了头，这片荒漠挡住了它们流向大海的路，面对一望无际的荒漠，两条河相对叹息。

在这种情况下，如果它们不顾一切往前奔流，它们必会被干涸的沙漠吸干，化为乌有；要是停滞不前，就永远也到达不了无边无际的大海。就在两条河为此烦恼的时候，天空的云朵闻声而至，向它们提出了一个办法，让它们化成蒸汽，带它们越过沙漠。

一条河绝望地认为云朵的办法行不通，执意不合作；另一条河则不肯放弃投奔大海的梦想，毅然采纳了云朵的办法化成了蒸汽，让云朵牵引着它飞越沙漠。最后它终于随着暴雨落在地上，还原成河水流进了大海。

那条不肯合作的河在犹豫不决的过程中慢慢地被荒漠吞噬了。

生活中在遇到坎坷时，我们都可以选择做那条成功的河，凭着自己的坚持和梦想，在绝处寻找生机，而不是在犹豫不决中被坎坷吞噬。

面对生活中的坎坷，有的人怨天尤人，有的人呼天抢地，有的人会不计后果疯狂报复社会，让所有人替他们分担痛苦不幸，也有的人像祥林嫂一样，对所有人讲，恨不能让全世界人都知道他的不幸，但还有的人会千方百计地应对困难、坎坷。当然不同的态度，会带来不同的结果。

能够从坎坷中走向辉煌的人，都是积极思考解决问题的办法，不断激励自己，克服困难，而那些抱怨不迭、呼天抢地、报复别人或者四处博人同情的人，只能离成功越来越远。

生活中没有过不去的坎，只要树立生活的信念，积极寻找解决问题的办法，人生中的坎坷才可以跨越，才可以征服。

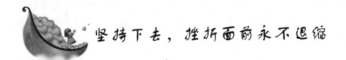

坚持下去，挫折面前永不退缩

挫折就像一个巨大的沟壑，全看你怎么面对它。是静静地听任命运的安排，还是鼓起勇气再试一次呢？面对挫折不放弃，以锲而不舍的精神迎难而上，一定还有看到胜利的机会。挫折面前永不退缩，坚持下去，你就会发现，其实成功就在下一刻。

一声震耳欲聋的巨响之后，滚滚的浓烟霎时冲上天空，一股股火焰直往上蹿。仅仅几分钟时间，一场惨祸发生了。当惊恐的人们赶到现场时，只见原来屹立在这里的一座工厂只剩下残垣断壁。火场旁边，站着一位30多岁的年轻人，突如其来的惨祸的刺激，已使他面无人色，浑身不住地颤抖着……

这个大难不死的青年，就是后来闻名于世的诺贝尔。在废墟的清理中，人们从瓦砾中找出了五具尸体，其中就有诺贝尔正在大学读书的弟弟。诺贝尔的母亲得知小儿子惨死的噩耗，悲痛欲绝，年迈的父亲因大受刺激而引起脑溢血，从此半身瘫痪。

但是，困境并没有使诺贝尔退缩。几天以后，人们发现在远离市区的湖上，出现了一只巨大的平底驳船，驳船上装满了各种设备，一个年轻人正全神贯注地进行实验。毋庸置疑，他就是死里逃生的诺贝尔！

功夫不负有心人，他终于发明了雷管。雷管的发明是爆炸学上的一项重大突破。一时间，诺贝尔的炸药成了抢手货，诺贝尔的财富与日俱增，他的社会地位也因此提高了很多。

然而，初次成功的诺贝尔，好像总是与灾难相伴。雷管成功发明之后，不幸的消息接连不断地传来。在旧金山，运载炸药的火车因震荡发生爆炸；德国一家工厂因工人搬运硝化甘油时发生碰撞而爆炸，整个工厂和附近的民房变成了一片废墟……一连串骇人听闻的消息，让人们再一次把他当成瘟神和灾星，诺贝尔瞬间从被人们推崇变成被人们唾弃。

虽然诺贝尔又一次被人们抛弃了，但面对灾难和困境，诺贝尔并没有因此而选择退缩，相反他仍旧义无反顾地继续他的实验。后来他终于征服了炸药，吓退了死神，并用自己的财富创立了诺贝尔奖。

诺贝尔面对生命中一次又一次失败的打击，面对失去亲人的痛苦，他始终没有选择退缩，没有就此放弃对理想的追求，依然持之以恒，即使与死神相伴，他还是用惊人的胆量，用永不退缩的精神最终征服了死神。

和诺贝尔相比，我们真的应该反思一下，我们或许不比诺贝尔聪明，也没有他那样的胆识和勇气，但是相比较而言我们所面对的阻碍和困难也要小很多，所以在生活中，只要我们能够拥有像诺贝尔一样不退缩的精神，我们也能够轻松地应对生活中的困难。

其实，无论我们做什么，阻碍、困难都是会有的，我们只有不断坚持，只有在面对困难时不放弃，不退缩，才能突破阻碍，走向成功。

1982 年，18 岁的马云第一次参加高考。这次高考中他的数学只考了 1 分。

第一次高考落榜让马云灰心丧气，他认为自己根本不是考大学的料，于是他就找了一份踩着三轮车给人送货的工作，但他又不甘心。有一次，他捡到了一本路遥的《人生》。小说里高加林的故事深深感染了他，他明白了人要成功，必须要经历各种坎坷曲折，只有自己不放弃，不退缩，才能最终走向成功。

于是在 1983 年，马云第二次参加了高考。这一次，他满怀信心。但是老天偏偏喜欢跟他开玩笑，他再次惨败，数学只考了 19 分。

这次连父母都认为他不是上学的料了。但是马云并没有因此退缩，他明白只有自己考上大学才可以改变自己的命运。由于父母不再支持他考大学，所以他只有边打工边复习。1984 年，20 岁的马云第三次参加高考。高考前，一位姓余的数学老师对他说，"马云，你的数学真是一塌糊涂，如果你能考及格，我的"余"字倒着写。"结果，马云竟然用 10 个死记硬背的公式，一个题一个题地去套，结果居然套出了 79 分（当时数学满分是 120 分，72 分及格）。

马云非常幸运地考上了杭州师范学院，成为外语系的一名本科生。

马云虽然现在已经成了成功人士，但是他也曾跟我们一样，是一个普通得不能再普通的人。他没有显赫的家世，没有优秀的学习成绩，没有聪明的头脑。他之所以成功靠的是不放弃、不退缩的精神，靠的是心中对理想的执著。

试想，如果马云在第二次高考失败后，就退缩了，不再参加第三次高考，而去学手艺，安安稳稳地过打工仔的生活，那么，还会有今天的马云，还会有今天的阿里巴巴吗？

所以，无论我们是多么普通的人，只要我们遇到阻碍不放弃，不退缩，那么我们也能为自己赢得成功。

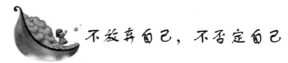

不放弃自己，不否定自己

错，不是某一个人的专利，错谁都会犯，没有必要因为犯错而否定自己，认定自己做不到。如果这样，那么你就永远也走不出自己对自己的设限，只有错了改过，依然自信，才能迎来更精彩的生命。

在美国的一所小学里，有一个特别为失足孩子设立的班级，这个班由 26 个孩子组成，他们被学校安排在教学楼里一间很不起眼的教室里。他们当中有的孩子吸过毒，有的进过少管所，家长、老师及学校对他们都非常失望，甚至想放弃他们。可是学校里有一位叫杰瑞的女教师除外，她不仅尊重这些孩子，而且还主动要求接手了这个班。

第一节课杰瑞并没像以前的老师那样整顿纪律，她只是在黑板上给大家出了一道选择题，让学生们根据自己的判断选出哪一位是后来为人类发展作出贡献的人。

这道题的备选者有三个，他们分别是：笃信巫医，有两个情妇，有多年的吸烟史而且嗜酒如命；曾经两次被赶出办公室，每天中午才起床，每晚都要喝大约一升的白兰地，而且有过吸食鸦片的记录；曾是国家的战斗英雄，一直保持素食的习惯，不吸烟，偶尔喝一点啤酒，年轻时从未做过违法的事。

结果大家都选择了最后一个人。之后杰瑞开始公布答案：第一个是富兰克林·罗斯福，担任过四届美国总统；第二个是温斯顿·丘吉尔，英国历史上最著名的首相；第三个是阿道夫·希特勒，法西斯恶魔。听到这样的答案大家都惊呆了。

之后杰瑞说："孩子们，你们年龄还小，你们的人生还有很长的路要走，过去的荣誉和耻辱只能代表过去，真正能代表一个人一生的，是他现在和将来的作为。从现在开始，努力做自己一生中最想做的事情，你们都将成为了不起的人。"这一番话改变了这 26 个孩

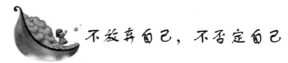

子一生的命运，这 26 个孩子中就有华尔街著名的基金经理人，罗伯特·哈里森！

看过上述这个小故事或许很多人也都像那些孩子一样惊讶：为什么之前曾经犯过这么大错误，看上去那么失败或是有很多污点的人最后反而会成为对国家乃至世界有这么大贡献的人呢？

因为过去不能定格人的一生，只有未来、明天、未发生的一切才是可以涂改，可以重写，过去永远是过去，不代表未来，如果你有一天对自己的过去感到不满，或是充满悔恨，希望重新来过，那么未来还会再等你描绘。

生命没有终止，谁都不能被下最终的定论，过去犯过错并不能说明一个人一辈子都只能这么错下去，只要洗心革面，选择重新面对生活，一切都是崭新的，任何人都有希望。

古代时有个人叫周处，他年轻时，凶暴强悍，任性跋扈，时常向同村的人发难，因此被乡亲们认为是村里的一大祸害。

有一年，义兴的河中出现了一条蛟龙，山上刚好也出现了一只白额虎，一起侵扰百姓。于是义兴的百姓就把周处和危害人间的蛟龙和白虎并称三害，当然在这三害当中周处最遭百姓痛恨。

于是就有人想法除三害，他们想出的办法就是让周处去杀死白额虎和蛟龙。最初周处认为杀死白额虎和蛟龙自己就能扬名一时了，于是他就接受了人们的建议去杀白额虎和蛟龙。

白额虎出没在山上很好对付，周处很快就杀死了它，然后又下河去斩杀蛟龙。蛟龙在水里有时浮起、有时沉没，周处与蛟龙一起浮沉了很远。

经过了三天三夜，当地的百姓们都认为周处已经死了，互相庆祝。但是周处最终杀死了蛟龙上了岸。他听说乡里人以为自己已死，大肆庆贺的事情，这才知道大家实际上也把自己当作了一大祸害。

这件事对周处的触动很大，他从来没有想过自己竟然这么招人痛恨，于是他决定痛改前非，重新做一个受百姓拥戴的人，于是他决定去到吴郡去找当时的大文人陆云求教。见到了陆云，他就把全部情况告诉了他，并说自己想要改正错误，提高修养，可又担心自己年岁太大，最终不会有什么成就。

55

陆云告诉他说："古人珍视道义，认为'哪怕是早晨明白了圣贤之道，晚上就死去也甘心'，况且你的前途还是光明的。人最难做到的是立志向，只要能立志，又何必担忧好名声不能显露呢?"周处听后就改过自新，最终成为一名贤人。

从周处的事例中，我们不难看出，过去的所犯的错误并不能永远跟着我们，也不能定位我们的人生，人们也不会因为谁一时的犯错而完全否定他。

只要我们不放弃自己，不否定自己，心中向着积极的方向，向着成功的方向，那么有一天你就能到达成功的终点，就能迎来全新的生活。

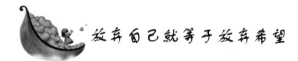

放弃自己就等于放弃希望

有句话说得很好："方法总比问题多。"人一生可以放弃的事情很多，可以放弃一个目标，一段努力，但是永远不能放弃自己，因为自己才是自己生命的全部，只有自己才是自己生命的执行者，放弃自己就等于放弃所有希望。

一天，一个因穷困不得不自己谋生的 14 岁的小男孩在报上看到一个适合自己的工作，然后决定前去应征。可是，当他第二天早上准时来到应征地点时，却发现在他前面已经有 20 个男孩等在那里了。

这个小男孩太需要这份工作了，他无论如何都不能失去这个机会，可是用人单位只招一个人，而且在他之前的 20 个小男孩中比他优秀的大有人在，小男孩开始犹豫了。

之后，他决定孤注一掷，无论用人单位最终筛选的结果如何，他都得向他们表达自己的意见，起码让这家公司的领导知道，在应聘的人员当中有他这么一个小男孩。

这个小男孩就灵机一动，想出了一个绝妙的主意。

他拿出纸和笔，写了几行字，并请站在他后面的男孩为他保留位置，之后他大胆地走出了行列来到负责接待的女秘书面前，很有礼貌地说："小姐，请将这个便条交给老板。这是一件很重要的事。谢谢你！"

他得体的举止和大胆的做法给女秘书留下了很好的印象，所以她很快把纸条交给了老板。老板打开纸条一看，禁不住笑了，并把它交给了秘书，秘书看后也笑了起来。原来，纸条上写了这样一句话："先生，我是排在第 21 号的应征者。在见到我之前，请您不要做任何决定。"

结果当然是小男孩如愿以偿地得到了这份工作。

小男孩的故事给我们的启示是，在人生的道路上，无论结果如何，我们都要对自己有信心，都要坚信自己能行，都要勇于肯定自己，信任自己，时时处处给自己展现能力的机会，不让自己的才华和能力在退缩中凋零、枯萎。

和其他成千上万的普通大学生一样，纸老虎文化交流有限公司的老总胡忠在 10 多年前还是一个普通的不能再普通的大学生。

由于家境一般，自己考上的又是一般的大学，胡忠毕业后彷徨了好久都没能找到一份合适的工作，最终他只好选择了很多大学生都不愿做的工作，那就是送报纸。他的第一份工作就是每天早上 5 点多去取报纸、捆报纸，然后送报纸。

就在每天和报纸打交道的生活中，胡忠没有因为自己仅仅是一个报童而气馁，他改变不了自己的家境、出身，也无法改变自己只是一个报童的现实，但是他始终没有放弃自己的理想，也不甘心这么过一辈子，他每天都在用心做事，后来他渐渐了解了发行业中的技巧，他开始不安分起来。

1993 年《精品购物指南》报正式创刊时，胡忠承包了它的发行部，可是由于在大家的意识里，购物指南不过就是广告，所以《精品购物指南》最初并不好卖，但他并没有因此而灰心丧气。后来，随着报纸质量提高，服务多样化，《精品购物指南》越来越受到读者的喜爱，销售也就变得顺畅了。

从《精品购物指南》淘到了人生的第一桶金之后，胡忠并没有因此而自满，1999 年，胡忠离开了《精品购物指南》，下海创办了纸老虎，并由此打开了他人生最辉煌的时代。虽然之后纸老虎在发展过程中也遇到过不少风波，但是胡忠从来没有因为这些小阻碍而放弃过，他坚信自己能够做得更好，现在纸老虎在北京已经发展成为有多家分公司的大公司了。

　　试想在我们毕业时，哪个不是豪情万丈？哪个不是意气风发？有谁考虑过做一个平凡的报童？

　　就是在这样的生活境况下，胡忠一直没有放弃自己，他的成功是最好的见证。

对自己说不要紧

第四章　困难不要紧，坚定信念最重要

　　一个人在工作中，不可能总是一帆风顺、事事遂心，都难免会经历许多的荆棘与挫折，这些都是很难避免的。

 面对困难，勇敢无惧，迎难而上

一个人在工作中，不可能总是一帆风顺、事事遂心，都难免会经历许多的荆棘与挫折，这些都是很难避免的。

有的人心理素质较差，意志力薄弱，经不起一点点失败，在工作时一遇到挫折，就失去信心，认为自己这也不行，那也不行，一天到晚愁眉不展、怨天尤人，根本无法振作精神。如此一来即使有好机会能使问题出现转机，也被这拉长的苦脸吓跑了。

相比之下，优秀的员工在困难来临时总是努力寻找方法，寻求新的突破，这样的员工在职业生涯中会变得更加卓越，达到比别人更高的高度。

在一家名叫天威的天线公司，总裁来到营销部，让大家针对天线的营销工作各抒己见，畅所欲言。

营销部胖乎乎的赵经理耷拉着脑袋叹息说："人家的天线三天两头在电视上打广告，我们公司的产品毫无知名度，我看这库存的天线真够呛。"部里的其他人也随声附和。

总裁脸色阴沉，扫视了大伙一圈后，把目光驻留在进公司不久的一位年轻人身上。总裁走到他面前，让他说说对公司营销工作的看法。

年轻人直言不讳地对公司的营销工作存在的弊端提出了个人意见。总裁认真地听着，不时嘱咐秘书把要点记下来。

年轻人告诉总裁，在十几家各类天线生产企业中，唯有001天线在全国知名度最高，品牌最响，其余的都是几十人或上百人的小规模天线生产企业，但无一例外都有自己的品牌，有两家小公司甚至把大幅广告做到001集团的对面墙壁上，敢与知名品牌竞争。

总裁静静地听着，挥挥手示意年轻人继续讲下去。

年轻人接着说："我们公司的老牌天线今不如昔，原因颇多，但归结起来或许就是我们的销售定位和市场策略不对。"

这时候，营销部经理对年轻人暗示他们工作无能的话充满了愠色，并不时向年轻人投来警告的一瞥，讽刺地说："你这是书生意气，只会纸上谈兵，尽讲些空道理。现在全国都在普及有线电视，天线的滞销是大环境造成的。你以为你真能把冰推销给因纽特人？"

经理的话使营销部所有人的目光都射向年轻人，人们开始窃窃私语。

经理不等年轻人"还击"，便不由分说地将了他一军："公司在甘肃那边还有 5000 套库存。你有本事推销出去，我的位置让你坐。"

年轻人朗声说道："现在全国都在搞西部开发建设，我就不信质优价廉的产品连人家小天线厂也不如，偌大的甘肃难道连区区 5000套天线也推销不出去？"

几天后，年轻人风尘仆仆地赶到了甘肃省兰州市天元百货大厦。大厦老总一见面就向他大倒苦水，说他们厂的天线知名度太低，一年多来仅仅卖掉了百来套。还有 4000 多套在各家分店积压着，并建议年轻人去其他商场推销看看。

接下来，年轻人跑遍兰州几个规模较大的商场，几天下来毫无收获。

正当沮丧之际，某报上一则读者来信引起了年轻人的关注，信上说那里的一个农场由于地理位置的关系，买的彩电都成了聋子的耳朵——摆设。

看到这则消息，年轻人如获至宝，当即带上十来套样品天线，几经周折才打听到那个离兰州有 100 公里的金晖农场。信是农场场长写的。他告诉年轻人，这里夏季雷电较多，以前常有彩电被雷电击毁，不少天线生产厂家也派人来查，知道问题都出在天线上，可查来查去没有眉目，使得这里的几百户人家再也不敢安装天线了，所以几年来这儿的黑白电视只能看见哈哈镜般的人影，而彩电则是形同虚设。

年轻人拆了几套被雷击的天线，发现自己公司的天线与它们毫无二致，也就是说，自己公司的天线若安装上去，也免不了重蹈覆辙。年轻人绞尽脑汁，把在电子学院几年所学的知识在脑海里重温了数遍，加上所携仪器的配合，终于使真相大白，原因是天线放大

61

器的集成电路板上少装了一个电感应元件。这种元件在一般天线上是不需要的，它本身对信号放大不起任何作用，厂家在设计时根本就不会考虑雷电多发地区，但没有这个元件就等于使天线成了一个引雷装置。它可直接将雷电引向电视机，导致线毁机亡。

找到了问题的症结，一切都迎刃而解了。不久，年轻人将从商厦拉回的天线放大器上全部加装了感应元件，并将此天线先送给场长试用了半个多月。期间曾经雷电交加，但场长的电视机安然无恙。此后，这个农场就订了500套天线。

同时，热心的场长还把年轻人的天线推荐给附近存在同样问题的5个农林场，销出2000套天线。

一石激起千层浪，短短半个月，一些商场主动向年轻人要货，连一些偏远县市的商场采购员也闻风而动，原先库存的4000多套天线当即售空。

一个月后，年轻人返回公司。这时公司如同迎接凯旋的英雄一样，为他披红挂彩并夹道欢迎。营销部经理也已经主动辞职，公司随即任命这个年轻人为新的营销部经理。

面对困难与挑战，这个年轻人勇敢无惧，迎难而上，善于观察与思考，寻找问题的症结。最终解决了难题，也为自己赢得了广泛的声誉与优渥的职薪。

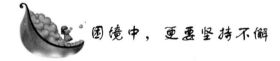

困境中，更要坚持不懈

滴水可以穿石，锯绳可以断木。只有仰仗恒心，积累点滴，才能看到成功。勤快的人能笑到最后，耐跑的马才会脱颖而出。

坚持到底就是胜利！在向成功之巅攀登途中，我们必须记住：梯子上的每一级横梁放在那儿是让我们搁脚的，是让我们向更高处前进的。而不是用来让我们休息的。

我们常常又累又乏，但举重冠军詹姆士·柯伯特却常说："再奋斗一回，你就成了冠军。事情越来越艰难，但你仍需再努把力。"

威廉·詹姆士曾说："在失败之后，我们不仅要重整旗鼓，而且还要做第 3 次、第 4 次、第 5 次、第 6 次甚至是第 N 次的努力。在每个人体内都有巨大的储备力量，但除非你明白并坚持开发使用，否则它是毫无意义的。"

许多人做事情，起初都能够付诸行动，但是，随着时间的推移、难度的增加以及气力的耗费，大多数人便从思想上开始产生松懈和畏难情绪，接着便停滞不前以至退避三舍，最后放弃了努力。

人之所以常常会浅尝辄止、半途而废，主要原因是人天生就有一种难以摆脱的惰性。当他在前进的道路上遇到障碍和挫折时，便会灰心丧气，畏缩不前。

中国古代大哲人荀子说："骐骥一跃，不能十步，驽马十驾，功在不舍。"这正充分地说明了坚持的重要性。骏马虽然比较强壮，腿力比较强健，然而它只跳一下，最多也不能超过十步，这就是不坚持所造成的后果。相反，一匹劣马虽然不如骏马强壮，但它若能坚持不懈地接连走十天，照样也能走得很远，它的成功在于走个不停，即坚持不懈。

著名作家杰克·伦敦的成功也是建立在坚持之上的。他在学习写作时坚持把好的字句抄在纸片上，有的插在镜子缝里，有的别在晒衣绳上，有的放在衣袋里，以便随时记诵。他终于成功了，成为了文学界的一代名人，然而他所付出的代价也比其他人多好几倍，甚至几十倍，同样，坚持也是他成功的保障。

成功的到来，总是需要时间的，因此坚持就显得极其重要了。有的人成功，就因为他比别人多坚持了一下；另一些人失败，也只是因为他没能坚持到最后。

就像比阿斯说的："要从容地着手去做一件事，一开始就要坚持到底。"所有的成功者都证明了是坚持成就了人生的辉煌。

20 世纪 70 年代是世界重量级拳击史上英雄辈出的年代。4 年多未上拳台的拳王阿里此时体重已超过正常体重 20 多磅，速度和耐力也已大不如前，医生给他的运动生涯判了"死刑"。然而，阿里坚信"精神才是拳击手比赛的支柱"，他凭着顽强的毅力重返拳台。

1975 年 9 月 30 日，33 岁的阿里与另一拳坛猛将弗雷泽进行第

第四章　困难不要紧，坚定信念最重要

63

三次较量（前两次一胜一负）。在比赛进行到第 14 回合时，阿里已精疲力竭，濒临崩溃的边缘，这时候一片羽毛落在他身上也能让他轰然倒地，他几乎再无丝毫力气迎战第 15 回合了。然而他拼命坚持着，不肯放弃。他心里清楚，对方和自己一样，也是只有出气的力了。比到这个地步，与其说在比气力，不如说在比毅力，就看谁能比对方多坚持一会儿了。他知道此时如果在精神上压倒对方，就有胜出的可能。于是他竭力保持着坚毅的表情和誓不低头的气势，双目如电，令弗雷泽不寒而栗，以为阿里仍有着充裕的体力。这时，阿里的教练敏锐地发现弗雷泽已有放弃的意思，他将此信息传递给阿里，并鼓励阿里再坚持一下。阿里精神一振，更加顽强地坚持。果然，弗雷泽表示认输，甘拜下风。裁判当即高举起阿里的臂膀，宣布阿里获胜。这时，保住了拳王称号的阿里还未走到台中央便眼前漆黑，双腿无力地跪在了地上。弗雷泽见此情景，如遭雷击，他追悔莫及，并为此抱憾终生。

其实，当你已经下定决心为自己的目标奋斗下去时，就连艰辛的付出也会变得让人心旷神怡。但如果只是浅尝辄止，畏惧退缩，你所能得到的，只能是一连串的沮丧和失意。最后，你甚至会失去生活和工作的乐趣。

我们都知道"愚公移山"的故事，但近来很多人叫嚣着"愚公真愚"，认为"愚公精神"不应提倡。他们的理由是：如果不是两位大仙帮忙，而真靠人力去搬，把几代人的生命都耗在未来不可知的事情上又有什么意义呢？乍一听，这话真的很有道理啊，生命何其短暂，干嘛把一生都耗在一件没有把握的事上呢？可是我们稍微推敲一下就可以看出此论的漏洞来了。

想当初，如果刘备没有愚公的那点傻劲，没有几次三番地跑到诸葛亮住的茅草屋请求诸葛亮帮忙，一个只想在乱世里平安度日的诸葛亮又怎么会跑去做刘备的智库呢？正是愚公的精神才感动了大仙去搬山。

卡耐基曾说过："朝着一定目标走去是'坚'，一鼓作气途中决不停止是'持'。一切事业的成败都取决于此。"所以如果你真想达到你的目标，就要遇事坚持到底，能够抓住机会的人，就是能够坚持到底的人。

许多人之所以没有收获，主要原因就是在最需要下大力气、花大工夫、毫不懈怠地坚持下去时，他却停止了努力。省力倒是省力，成功却从此与他无缘了。

平庸的人和杰出的人，其不同之处就看能不能坚持。坚持下去就是胜利，半途而废则前功尽弃。

失败者的悲剧，就在于被前进道路上的迷雾遮住了眼睛，他们不懂得忍耐一下，不懂得再跨前一步就会豁然开朗，结果在胜利到来之前的那一刻，自己打败了自己，因而也就失去了应有的荣誉。

在困境中坚持不懈是一种即使面临失败、挫折仍然继续努力的能力。我们常常能够观察到，正确对待逆境的销售人员、军人、学生和运动员能从失败中恢复并继续坚持前进，而当遇到逆境时不能正确对待的人则常常会轻易放弃。

有一位推销员，为一家公司推销日常用品。一天，他走进一家小商店里，看到店主正忙着扫地，他便热情地伸出手，向店主介绍和展示公司的产品，但是对方却毫无反应，很冷漠地看着他。这位推销员一点也不气馁，他又主动打开所有的样品向店主推销。他认为，凭自己的努力和推销技巧一定会说服店主购买他的产品。但是，出乎意料的是，那个店主却暴跳如雷起来。用扫帚把他赶出店门，并扬言："如果再见你来，就打断你的腿。"

面对这种情形，推销员并没有愤怒和感情用事，他决心查出这个人如此恨他的原因。于是，他多方打听才明白了事情的真相。原来，在他以前另一位推销员推销的产品卖不出去，造成产品积压，占用了许多资金。店主正发愁如何处置呢。

了解这些情况后，推销员开始疏通各种渠道，重新做了安排，使一位大客户以成本价格买下店主的存货。不用说，他受到了店主的热烈欢迎。

这个推销员面对被扫地出门的处境，依然充分发挥自己的坚持精神，同时不断寻找突破逆境的途径，这正是高逆商者的表现。

克尔曾经是一家报社的职员。他刚到报社当广告业务员时，对自己充满了信心。他甚至向经理提出不要薪水，只按广告费抽取佣

65

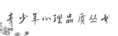

金。经理答应了他的请求。

开始工作后，他列出一份名单，准备去拜访一些特别而重要的客户，公司其他业务员都认为想要争取这些客户简直是天方夜谭。在拜访这些客户前，克尔把自己关在屋里，站在镜子前，把名单上的客户念了10遍，然后对自己说："在本月之前，你们将向我购买广告版面。"

之后，他怀着坚定的信心去拜访客户。第一天，他以自己的努力和智慧与20个"不可能的"客户中的3个谈成了交易。在第一个月的其余几天，他又成交了两笔交易。到第一个月的月底，20个客户只有一个还不买他的广告版面。

尽管取得了令人意想不到的成绩，但克尔依然锲而不舍，坚持要把最后一个客户也争取过来。第二个月，克尔没有去发掘新客户，每天早晨，那个拒绝买他广告的客户的商店一开门，他就进去劝说这个商人做广告。而每天早晨，这位商人都回答说："不！"每一次克尔都假装没听到，然后继续前去拜访。到那个月的最后一天，对克尔已经连着说了数天"不"的商人口气缓和了些："你已经浪费了一个月的时间来请求我买你的广告了，我现在想知道的是，你为何要坚持这样做。"

克尔说："我并没浪费时间，我在上学，而你就是我的老师，我一直在训练自己在逆境中的坚持精神。"那位商人点点头，接着克尔的话说："我也要向你承认，我也等于在上学，而你就是我的老师。你已经教会了我坚持到底这一课，对我来说，这比金钱更有价值。为了向你表示我的感激，我要买你的一个广告版面，当作我付给你的学费。"

克尔完全凭着自己在挫折中的坚持精神达到了目标。在生活和事业中，我们往往因为缺少这种精神而和成功失之交臂。在半梦半醒之间，常常隐约觉得自己被压迫得快要喘不过气来了。你没办法翻身，也动弹不得。但是在你的潜意识中，必须控制自己的肌肉筋骨才能摆脱困境。借助意志力的不懈努力，终于可以挪动一个手指了。之后，如果继续挪动你的手腕，就可以控制整个手臂肌肉并把手抬起来了。然后你用同样的方法控制了另一只手臂，另一条腿的肌肉，逐渐延展到全身。于是，意志力重新让你回到了对肌肉系统的控制，使你从梦中迅速恢复过来。

我们很容易从梦境中挣扎出来，但是却无法一下子从人生的困境中解脱出来。实际上，让自己从软弱无力的精神状态中慢慢起步，渐渐加速，直到完全控制自己的意志，与梦醒的过程极其相似。

意志力坚强的人懂得培养自己的恒心和毅力，并将它变成一种习惯，无论遭受多少挫折，仍坚持朝成功的顶端迈进，直至抵达为止。

经得起考验的高逆商者常常以其恒心耐力获酬甚丰。作为吃苦耐劳坚韧不拔的补偿，不论他们所追求的是什么目的，都能如愿以偿。他们还将得到比物质报酬更重要的经验："每一次失败都伴随着一颗同等利益的成功种子。"

当我们对众多成功人士进行考察时，发现那些大公司经理、政府高级官员以及每一行业的知名人士大都来自清贫的家庭、破碎的家庭、偏僻的乡村甚至贫民窟。他们之所以能成为社会知名人士和领导人物，是与他们经历过艰难困苦，具有很强的挫折承受能力分不开的。

将成功者和失败者进行比较，他们的年龄、能力、社会背景、国籍等种种方面都很可能相同，但是有一个例外，那就是对遭遇挫折的反应不同。低逆商者跌倒时，往往无法爬起来，他们甚至会跪在地上，以免再次遭受打击；而高逆商者的反应则完全不同，他们被打倒时，会立即反弹起来，并充分吸取失败的经验，继续往前冲刺。低逆商者的忧虑及失败感使他们精神难以集中，绝望的心情也可能会使他们放弃及逃避奋斗，不能在奋斗中体验满足，所以缺乏克服困难的持久力。高逆商者却能从挑战中获得满足感，所以更能自发持久地面对困难。

最伟大的发明家托马斯·爱迪生，对于人生中的挫折抱着罕见的不放弃精神，使他创造了非凡的成就。在电灯发明的过程中，其他人因为失败而感到心灰意冷时。他却将每一次失败都视为又一个不可行方法的减少，而确信自己向成功又迈进一步。

生命里程中永远存在着的障碍，不会因为你的忽视而消失。当你因为某件事而受到挫折时，不妨想想爱迪生在给整个世界带来光明前，那一万次的失败。爱迪生的坚韧不拔在于他知道有价值的事物是不会轻易取得的，如果真的那么简单，那么人人皆可做到。正是因为他能坚持到一般人认为早该放弃的时候，才会发明出许多当时的科学家想都不敢想的东西。

英国首相丘吉尔不仅是一名杰出的政治家，而且是一个著名的演讲家，他十分推崇面对逆境坚持不懈的精神。他生命中的最后一次演讲是在一所大学的结业典礼上，演讲的全过程大概持续了20分钟，但是在那20分钟内，他只讲了两句话，而且都是相同的：坚持到底，永不放弃！坚持到底，永不放弃！

这场演讲是成功学演讲史上的经典之作。丘吉尔用他一生的成功经验告诉人们，成功根本没有什么秘诀可言，如果真是有的话，就是两个：第一个就是坚持到底，永不放弃；第二个就是当你想放弃的时候，回过头来看看第一个秘诀：坚持到底，永不放弃。

敏锐的观察力、果断的行动和坚持的毅力是成功的必备要素。你可能用敏锐的目光去发现了机遇，同时也能用果断的行动去抓住机遇，但是最后还需要用你坚持的毅力把机遇变成真正的成功。

在成功过程中坚持的毅力非常重要，面对挫折时，要告诉自己：坚持，再来一次。因为这一次失败已经过去，下一次才是成功的开始。人生的过程都是一样的，跌倒了，爬起来。只是成功者跌倒的次数比爬起来的次数要少一次，平庸者跌倒的次数比爬起来的次数多了一次而已。最后一次爬起来的人称之为成功者，最后一次爬不起来或者不愿爬起来，丧失坚持毅力的人，就叫失败者。

缺乏恒心是大多数人最后失败的根源，一切领域中的重大成就无不与坚韧的品质有关。成功更多依赖的是一个人在逆境中的恒心与忍耐力，而不是天赋与才华。只有在困境中，依然能够坚持不懈的人，才能战胜困境取得最后的成功。

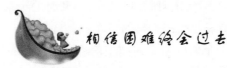

相信困难终会过去

西方谚语说："成功者都是咬紧牙关让死神害怕的人。"所以，我们要像成功者那样，咬紧牙关，别松口。如果连死神都害怕，那么失败和挫折就不算什么了。在困难面前，我们要始终相信困难终会过去！

有一位只活了48岁的作家，从小严重瘫痪，只有一只左脚可以勉强活动，但是他就是凭着这只左脚写出了自传体小说《我的左脚》，他就是爱尔兰作家克里斯蒂·布朗。

克里斯蒂·布朗的一生是忍耐的一生，是挑战的一生。1933年他出生时，就患了严重的大脑瘫痪症。一直到5岁，小布朗还不会说话，头部、身躯、四肢也都不能活动，父母带着他四处求医，可情况始终没有什么好转。最后连家里人也失去了信心，认为他可能要这样过一辈子。

此时的布朗毫无意识，直到有一天，躺在床上的小布朗看到妹妹扔下的彩笔，他忽然伸出了自己的左脚把彩笔夹了起来，在墙上乱画起来。他画得正起劲的时候，母亲走进来，高兴地惊叫："他的左脚还能活动！"

母亲没放过这个微弱的暗示，她坚信只要小布朗的脚能活动，他就应该能做许多事情。于是，她便开始教布朗写字，没想到，第一天，布朗就能用脚写出三个英文字母。很快，他就能把26个英文字母按顺序写下来。这令全家人感到异常高兴。母亲不仅让他学写字，还让他看书，为他买来儿童读物和世界名著。布朗对书产生了浓厚的兴趣，如饥似渴地阅读。

也许是布朗受母亲坚强的感染，也许是上天可怜这对苦苦挣扎的母子，总之，一段时间以后，小布朗慢慢地竟然能说话了。后来，他向妈妈提出，他想要写信、做读书笔记，还想自己写点什么。母亲有些为难，只有左脚能活动。他怎么写呢？小布朗说："我可以用脚打字呀。"他将自己的左脚高高抬起，大声地宣布："我要用它写，我要成为全世界第一个用脚趾打字的人！"此时的小布朗已经有了忍耐的能力，已经具备了挑战挫折的气魄。

母亲也看到了布朗的希望，她相信总有一天，布朗会以自己的方式独立生存。母亲想方设法替儿子买来了一台旧打字机。布朗把打字机放在地上，自己半躺在一把高椅上，用左脚按动键钮。刚开始，由于脚趾掌握不好打字的力度。布朗打出的字不是模糊不清，但布朗一点也不灰心，他像着迷一样，仍然疯狂地练习，不管是炎热的夏天，还是寒冷的冬天，布朗都不曾停止练习。累了，就用左脚趾夹着笔画画。年深日久，布朗的左脚趾长出了厚厚的茧子。功夫不负有心人，终于，他打出了力度适中、清清楚楚的字，而且还能熟练地给打字机上纸、退纸，还能用左脚趾整理稿件。

打字并不是布朗的最终目标，当他学会打字之后，他决心向高峰攀登，那就是写作。他把自己想写一部小说的想法告诉了母亲，这一次，母亲犹豫了。母亲知道儿子是个有决心、有毅力的人，她也理解儿子的心情，可她知道写作比学习打字不知要难上多少倍，她担心儿子一旦失败会受不了心灵上的创伤，她不想让这个可怜的孩子再受任何伤害，平添痛苦。另外，她也觉得，儿子还是小孩子，没有多少生活阅历，有什么可写的呢？于是她劝慰儿子："孩子，你有雄心壮志，妈妈很高兴。但是，人生的道路是很曲折，不像你想的那么简单，万一失败了怎么办呢？我看你还是好好休养，读读书，画画图画，玩玩打字机就行了，不要想得太多了。你现在年纪还小，等以后再说吧！"

这是一个慈祥的母亲，她害怕小布朗受到伤害，然而布朗却异常坚定，他对母亲说："这么多年，我已经忍过来了。妈妈，人活着就应该有所追求，不是吗？我虽然是一个残疾人，已经失去了生活的许多乐趣，但是我不能失去自己的梦想。我要让别人看到，我不是一个包袱，不是一个多余的人。"母亲惊异于布朗的坚忍与成熟，于是就全力支持他。

布朗躺在床上，静静地回忆着自己的不幸和坎坷经历，决定把自己的经历写下来，告诉那些在不幸中苦苦挣扎的人，告诉那些和他一样残疾的人，要坚强起来，不要屈服于命运的苦难。

这种沉重的苦难浸润了布朗的身心，却也积淀了布朗奋起的力量。布朗写出的小说非常深沉而有力量。他完成第一章初稿，就迫不及待地让母亲阅读、评点。母亲一下子被小说主人公的痛苦遭遇和坚强性格深深打动，她紧紧把布朗搂在怀里："孩子，你是妈妈的骄傲，你一定会成功的！"

有了母亲的鼓励，布朗更加坚定，就这样，不知写了多少个日日夜夜，不知道克服了多少常人都难以想象的困难。终于，在 21 岁那年，布朗的第一部自传体小说问世了。他把它取名叫做《我的左脚》。布朗虽然只能用左脚来写小说，但这并不妨碍他在文学创作的道路上继续拼搏。十六年后，布朗的又一部自传体小说《生不逢辰》也出版了。这部小说感情真挚、道理深刻、情节动人、语言优美，一出版便震动了国内外文坛，成了畅销书，20 多个国家翻译出版了这本书，有的国家还将它改编成电影。十五年后，在妻子的照顾和帮助下，布朗又先后出版了三部小说和三部诗集，成为了享誉世界的文学巨匠。成为爱尔兰人民的骄傲。

一个只有左脚可以活动的残疾儿，却能成为举世闻名的大文学家，一个关键的能力就是"忍耐"。他能够在厄运中忍耐下来，在艰辛的奋斗中，忍耐下来，在辛苦的耕耘中，忍受下来，因此，他成功了。

逆境的改变往往产生于再坚持一下的努力之中，生活中，我们常常会遇到困难，只要咬紧牙关，相信困难终会过去，一切都会好起来。

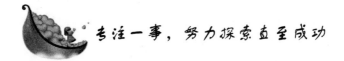

专注一事，努力探索直至成功

只要我们能够专注于一件事，为此而努力探索，不断进取就一定能够成功。怕就怕我们中途放弃，不能够坚持到最后；怕就怕我们一心多用，导致心有余而力不足，最后因为贪多而一无所获。

第四章 困难不要紧，坚定信念最重要

世界台球冠军争夺赛在美国纽约举行，路易斯·福克斯的得分一路领先，只要他再得几分便可稳居冠军宝座。就在这个时候，他发现一只苍蝇落在了球台上，便上前挥手将苍蝇赶走，当他俯身击球的时候，那只苍蝇又飞到主球上，他在观众的笑声中再一次起身驱赶苍蝇，这只可恶的苍蝇已开始影响他的情绪。更为糟糕的是，苍蝇好像是有意跟他作对，他一回到球桌再次准备击球，苍蝇就飞回到了主球上，引得全场的观众哄堂大笑。

路易斯·福克斯的情绪恶劣到了极点，终于失去理智，愤怒地用球杆去击打苍蝇，球杆碰动了主球，裁判判他击球，他因此失去了一轮机会。接下来，路易斯·福克斯方寸大乱，连连失利，而他的对手约翰·迪瑞则愈战愈勇，赶上并超过了他，最终夺得了冠军。

第二天早上，人们在河里发现了路易斯·福克斯的尸体，他投河自尽了。

在电视上曾看到这样一组豹子追羚羊的镜头：一望无际的非洲草原，一群羚羊在那儿欢快地觅食，悠闲地散步。突然，一只非洲豹向羊群扑去，羚羊受到惊吓，开始拼命地四处逃散，非洲豹的眼睛死死盯着一只未成年的羚羊，穷追不舍。

羚羊拼命地逃，非洲豹使劲地追，非洲豹超过了一只又一只站在旁边惊恐观望的羚羊，它只是一个劲儿地向那只未成年的羚羊亡命似地追，而对身边的其他羚羊却像没有看见似的，一次次地放过了它们。终于，那只未成年的羚羊被凶悍的非洲豹扑倒了，挣扎着倒在了血泊中。

非洲豹为什么放弃身边一只又一只的羚羊，却死死盯着那只未成年的羚羊呢？在听到主持人的解说后，大家终于恍然大悟。原来豹子已经跑累了。而其他的羚羊并没有跑累，如果在追赶的过程中因其他的羚羊而改变目标，其他的羚羊一旦起跑，转瞬之间就会把疲惫不堪的豹子甩在身后，因此豹子始终不丢开那只未成年的羚羊，最终让它成了口中的食物。

什么是专注？所谓专注，就是专心致志，全神贯注，对既定的方向和目标不离不弃，执著如一，不分散精力，不心猿意马，不见异思迁，不盲目追随世俗潮流，不在乎他人审视的眼光和无聊的评头论足。

专注来自目标专一，只有目标专一，才会集中精力、体力、智力，才会逐渐向目标靠近；专注源于如痴如醉，"性痴则其志必凝，故书痴者文必工，艺痴者技必良"；专注还须具有浓厚的兴趣和坚忍的毅力，要有遭遇困难不退缩的信心，面对挫折不灰心的决心；专注更须抗得住诱惑，诱惑就像攀附枝干的藤蔓一样，纠缠于你实现目标的全过程，只有专注，才能抵御各种诱惑的干扰，才能认清掩藏在美丽面具背后的狰狞和凶险。

普通人的成功和聪明人的失败似乎是一件不可思议的事，但究其原因很简单，那些看似愚蠢的人都有一种顽强的毅力和磐石般的决心，他们有一种锲而不舍、专心专注的品质，他们能瞄准某一目标，坚持不懈，不等不待。

而许多所谓智力超群、才华横溢的人却因缺乏专心专注的品质。他们在目标面前左右徘徊，心神不定，最终平平庸庸、碌碌无为。要记住，事业因专注而成功，生命因专注而绚丽。

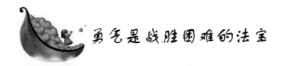

勇气是战胜困难的法宝

勇气是一个人战胜困难的法宝。有时候，我们缺乏的不是解决问题的智慧和毅力，而是缺乏战胜困难的勇气。

有一位撑竿跳运动员，一直苦练都无法越过某一个高度，他失望地对教练说："我实在是跳不过去。"

教练问："你心里在想什么？"他说："我一冲到起跳线时。看到那个高度，就觉得我跳不过去。"

教练告诉他："你一定可以跳过去，把你的心从竿上摔过去，你的身子也一定会跟着过去。"他撑起竿又跳了一次，果然跳过去了。

心，可以超越困难，可以突破阻挠，可以越过障碍。只要你内心不放弃。所有的困难和障碍，都能够被你征服。

克鲁尔出生于美国一个工人家庭。由于家庭经济不富裕，他边

第四章 困难不要紧，坚定信念最重要

打工边学习。

在校期间成绩优秀，文笔很好，被选为校刊主编，把刊物办得有声有色，得到校长、老师、同学们的好评。18 岁那年进入耶鲁大学，两年后，他离开耶鲁大学，进入陆军宪兵队，克鲁尔热爱学习，肯于钻研，他不甘心就此放弃学习，便辞别宪兵队，又到拉特格斯大学学习。由于在校级橄榄球比赛中表现突出，被选为橄榄球队队长，后来又被选入美国橄榄球队。他的一篇学术论文引起了《新闻周刊》的注意，他们采访了克鲁尔，并从中了解到克鲁尔今后的打算——当律师或投身广告事业，不过主意未定。

这个消息被杨一鲁比肯广告公司的一位高级副经理知道了，他马上打电话邀请克鲁尔到公司来，并诚恳地说："到广告公司，我们将为你提供一个好的发展平台，而且你的专业知识也有可能用得上。"克鲁尔就这样选择了广告行业。

克鲁尔的信条之一是："困难是暂时的，只要努力，最终就能战胜它。"20 世纪 70 年代初，杨一鲁比肯公司出现了经营危机，一些高层员工纷纷辞职，另找出路，克鲁尔也曾动摇过。董事长奈伊挽留他，并让他把设计部整顿一下，克鲁尔接受了这一任务。他认为设计部是广告公司兴衰存亡的关键部门。他分析了设计部杂乱、骄纵的症结所在，设计了一套改造设计部的方案。

首先整顿设计部的领导班子，克鲁尔选拔了一批精明、强干、勤劳、能吃苦的骨干；其次是坚决改变设计部工作各行其是，不尊重客户的风气。克鲁尔抓住要害问题，经过半年多的整顿，终于使设计部焕然一新，公司很快打开了新局面，扭转了颓势。

从此，克鲁尔从普通的设计员工，一跃成为出类拔萃的管理者。

1974 年，西荣斯床垫公司突然宣布，终止委托杨一鲁比肯公司经办广告业务。克鲁尔知道后，马上召集公司设计人员，开了一个极短的会议，仅仅用了 36 个小时，就准备出了一整套配有布景和音乐的全新广告——"西荣斯床垫公司"的专题广告艺术宣传。通过演绎生动、风趣的演出，给企业界人士留下了深刻的印象。不出一小时，西荣斯床垫公司宣布，鉴于杨一鲁比肯公司出色的广告宣传，该公司将继续委托它经办广告业务。这次富有极大挑战性的广告战

对自己说不要紧

是克鲁尔打得最漂亮的广告战之一。

克鲁尔在企业遭遇困难时不是找理由逃避，而是积极寻找解决问题的方法。

他把自己年轻时在运动场上的拼搏精神运用到企业经营中，永不懈怠，不断进取，从而使自己在职场中屡屡得胜。

成功者与失败者之间的分水岭，有时在于一点小小的勇气。当我们勇敢地前进时，我们会惊喜地发现，原来成功的门对我们从不上锁。很多时候，害怕困难的消极思维会使困难在想象中放大一百倍，而当你以积极的态度去面对时，就会发现那些问题与困难根本微不足道。

 成功，就要逾越一切困难

每个人总是认为自己遇到了最大的困难，无法逾越。曾经有这样一个故事：让所有烦恼的人在宽阔的操场上围成一圈，然后让每个人都把自己认为最大的不幸和苦难往广场中间扔。再让每个人从中捡一个你认为最小的不幸和困难回来。最后大家发现，每个人手上捡回来的还是当初自己扔出去的那个。其次，没有不能逾越的鸿沟，只要我们正视困难，锐意进取，相信一切困难都会在我们的努力面前低头。

当自己觉得无法跨越的时候，不要去想疯狂的极端的行为，因为其实活着比死去更勇敢。当你觉得困难无助的时候，想想那些在地震中失去父母、孩子的人，如何坚强地继续活下去；想想身边多少残疾人在和正常人一样生活在蓝天白云下，只是他们付出的更多。

困难像一道道不高也不矮的篱笆，拦在每个人的面前，能逾越它的人不少，但逾越不过的更多。成功逾越过困难篱笆的人，他们有一个共同的名字，叫做"成功者"，他们属于精英中的精英。

永乐大帝朱棣就是其中之一。翻看朱棣的"创业史"，实在不得不佩服他面对困难时的种种执著的坚毅之举。如果不是他敢于逾越困难，也许他将像他的很多兄弟一样，不是死于"削藩"之中，便是被贬为庶民，一生痛苦地活着，历史上将不再有这样一个具有雄才伟略的统治者。

朱元璋逝世后，将皇位传给孙子朱允文，也就是建文帝。建文帝实行削藩政策，先后把几个藩王贬的贬，迫死的迫死。而燕王朱棣，如果他不造反，很可能也只有死路一条。

面对这种情况，朱棣为了争取时间来做准备，做了一件令人吃惊的事——装疯。为了装得像，他吃的苦头可不少，大热天捂着棉被在火炉面前烤火，还叫着"冻死我了"。建文帝的特使也不得不相信，燕王是真正的疯了！

朱棣实在是一个很特别的人，他能伸，更能屈。生死攸关的时候，他能放下王爷的身段，成功装疯骗过皇帝，然后起兵，打仗。

在这个过程中，朱棣几次陷入绝境，差点全军覆没，但是他强硬地坚持着逾越了种种困难，最后成功篡位，成为历史上为数不多的起兵"谋反"成功的皇帝之一，也是明朝唯一一位成功地由王爷的身份夺取了皇位的皇帝。

成了皇帝的朱棣，好大喜功，多疑好杀，手上沾满了鲜血，但无可否认，他也创下了很多功绩，创造了明朝初期的盛世年代。总的来说，是功大于过。

朱元璋的儿子不少，类似朱棣这样的，还有 8 个，各镇守一方，都在"削藩"中被迫自尽或被贬为庶民成了整天被监视着的"百姓"，还有的被关押起来，惨淡地度过了余生，而成功的，只有朱棣一个。

朱棣的成功完全是建立在他敢于逾越困难的基础上。如果他没有逾越那些接二连三的困难，就不会有后来的永乐大帝。

一个人如果活在世上，没有压力，没有困难，就会活得轻飘飘的，因此也不可能有作为。有困难，有压力，但如果面对困难，因为害怕而选择绕过或躲避困难，终究是不能走向成功的。

在生活中，也常常可以看到这类现象，一个人成功不成功，往往就在这方面的区别了。

小白和小红，当年一起去闯北京。两人都是师范学校中文系毕业的，不甘愿回到小县城，于是幻想在北京闯出一条星光灿烂的大道。

北漂一族的种种艰辛，她们都尝到了，费了百般的力气，才勉强找到一份工作，除了吃饭付房租，所剩无几，每天在路上奔波的时间就要近3个小时。

一次一次的搬家，失业，重新找工作，让两个女孩吃尽了苦头，前途却依然渺茫。有一次，小白生病了，虽然不严重，但在高烧中的她倍感凄凉，想想在北京的日子，她做过文员、助理、销售员、保险推销员……没有一样能干长久，每次失业，生活都陷入困顿之中。最困难的时候，她不得不打电话，让父母汇点钱过来，用来支撑生活。父母也曾劝过她，不如回来吧，就是在家乡当个乡村教师，离父母也不远，虽平淡，但也平安，有什么不好的？以后可以慢慢调到县城来。

小红的父母也同样劝过她，他们在县城给她找好了工作，先干一阵，然后再去考公务员，有父母的照应，生活应该是很轻松的事。

作为女孩子，漂在北京，真的太艰辛了，种种困难，把她们折磨得够呛。比如说最常见的搬家，没有一个男生帮一下，真的太辛苦。

那次病愈，让小白动摇了，加上父母不停地劝阻，她最终选择了放弃打拼，回到家乡。而小红，她说她要坚持下去，她不喜欢平淡而被安排的生活，她想追求自己向往中的理想，为了这个理想，再大的困难，她都可以承受。

两个女孩子在闯荡北京一年后，分道扬镳。

小红坚持着她的梦想，她应聘到一个文化工作室，做了主编助理，学到不少东西，后来又跳槽到一家出版社，一边组稿，一边自己创作……

5年过后，有一次小白在网上遇到小红，问她混得如何。小红轻描淡写地说，她现在已经是出版社的编辑，月薪6000多。同时还承接其他的活，比如帮一些公司做装帧设计，给一家杂志写连载，一个月实际到手的钱差不多12000左右。

"真的很累啊！"小红说的时候，埋怨了一句，可小白却能听出

第四章　困难不要紧，坚定信念最重要

77

在小红埋怨声中的满足感和成就感。小白回家后几乎待了一年的业，才分配到一个很偏远的小山村里任教，条件很差不说，工资也常常拿不到手。几经波折，让父母托关系，换了两所学校，好不容易才调到县城附近的一所乡镇中学，至今薪水不过1000来元。

听说小红已经在北京找到男友，最近正准备结婚，男友是商界人士，收入颇丰。两人已经买了一套房，正奔着康庄大道走去。小白的心空空的，她和小红现在的落差已经非常的巨大，薪水差了10倍，气质上更是相去甚远。小红已经是典型的城市女，举手投足透露着时代女性的美丽与精干，而自己，风吹日晒，看上去呆板而苍老。

小白很失落，想当初，小红的起步和她是一样的，承受的困难甚至比她还多，但是小红不但坚持了，还逾越了困难，成就了自己。而她自己，却在困难面前退缩了。如今的小白，已经无力再去改变自己的命运了。

夏洛蒂·勃朗特曾说过一句话：人活着就是为了含辛茹苦。人的一生肯定会有各种各样的压力，于是内心总是经受着煎熬，但这才是真实的人生。夏洛蒂自己也经受过这样的煎熬，但她却在种种困难和磨砺中，写出了脍炙人口的名著《简·爱》。

不论是在历史上还是在现在，每个人都无法避免要面对很多困难。在面对这些困难和压力时，坚持着往前走，往往能够成就自己。那些在生活中跌倒，面对困难害怕了，绕过困难或是在困难面前畏惧退缩的人，往往就成了社会的"弃儿"，而那些能重新爬起来再战的人，坚持逾越困难的人，却因此成就了自己的人生！

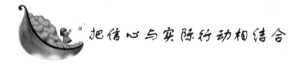

把信心与实际行动相结合

有人说："信心使不可能成为可能，使可能成为现实，信心可使人从平凡走向辉煌。"当我们满怀信心地对自己说："我一定能成功。"这时离收获也就不太遥远了。但是，光有信心还是远远不够的，还必须把它真正付诸于行动才行。

有句话说得好："功到自然成"！这个"功到"其实隐含的正是行动的意思。可见，一个人要想取得学业或事业上的成功，就必须把信心与实际行动相结合起来。

著名作家狄更斯平时就很注意观察生活、体验生活。不管是刮风还是下雨，他每天都坚持到街头去观察、谛听，记下行人的零言碎语，积累了丰富的生活资料。这样，他才在《大卫·科波菲尔》中写下精彩的人物对话，在《双城记》中留下逼真的社会背景描写，从而成为英国一代文豪，取得了他文学事业上的巨大成功。

爱迪生曾花了整整十年去研制蓄电池，其间不断遭受失败的他一直咬牙坚持，经过了五万次左右的试验，终于取得成功，发明了蓄电池，被人们授予"发明大王"的美称。

狄更斯和爱迪生就是在具有信心的基础上，又付出了一定的行动。信心与行动，使狄更斯为人们留下许多优秀著作，也为世界文学宝库增添了许多精品；信心与行动，使爱迪生攻克了许许多多的难关，为人类的进步做出不可磨灭的贡献。可见，信心与行动的结合能够使人取得事业和学业上的成功。

有信心有把握是好的，但不等于有信心就能成功。信心不是与生俱来就是成功的祖先，有信心的同时再有一定的行动才能成功。

人类历史上杰出的人物，并非个个都是天才，而是因为他们能挖掘自己的潜力，在正确认识自己的基础上产生了信心，正是这种坚定的信心，使他们不畏艰难险阻，在任何情况下都能使自己处于最佳状态，把全部的能量都发挥出来。

要改变自己目前的现状，要让自己更有自信，要让自己做事更有成效，我们就必须做出更好的决定，采取更好的行动。

不要与成功失之交臂。那些失败者往往是没有行动而放弃努力，与成功失之交臂。

曾记得瑞典一位化学家在海水中提取碘时，似乎发现有一种新元素，但是面对这繁琐的提炼与实验，他退却了。当另一化学家用了一年时间，经过无数次实验，终于为元素家族再添新成员——溴而名垂千古时，那位瑞典化学家只能默默地看着对方沉浸在胜利的喜悦之中。这两位化学家，一位行动了，取得了胜利；另一位却没有付诸行动，未能取得成功。可见，行动往往是取得成功的基础。

在许多成功者的身上，我们都可以看到超凡的信心与实际行动所起到的巨大作用。这些事业取得成功的人，在信心的驱动下，敢于对自己提出更高的要求，并在失败的时候看到希望，最终获得成功。在通往成功的路上，信心与行动是你必不可少的工具，它可以帮助你走过一条条不平坦的道路，它可以帮助你铲除阻碍前进道路的荆棘。

数千年来，人们一直认为要在 4 分钟内跑完一英里是件不可能的事。不过，在 1954 年 5 月 6 日，美国运动员班尼斯特打破了这个世界记录。

他是怎么做的呢？每天早上起床后，他便大声对自己说："我一定能在 4 分钟内跑完一英里！我一定能实现我的梦想！我一定能成功！"这样大喊一百遍，然后他在教练库里顿博士的指导下，进行艰苦的体能训练。终于，他用 3 分 56 秒 6 的成绩打破了一英里长跑的世界记录。

有趣的是在随后的一年里，竟有 37 人进榜，而在后面的一年里更高达二百多人。请问班尼斯特为什么能打破世界记录？因为班尼斯特有信心，他相信自己能打破世界记录，并且也付出了行动。

我们知道，信心是对生活充满乐观和进取的一种信念；信心是克服生活上、工作中遇到的困难的决心和勇气，是任何情况下都不动摇，并努力为之奋斗的动力源泉。而行动正是在信心的基础上所实施的。信心使人有了无穷的力量，信心是一种永不服输的精神。凡是伟人，都充满着对人生的信心，并且实际的行动，才能够成功的。所以，我们坚信只要把信心与行动相结合，一切目标都能实现，一切的努力也必将能够取得成功。

把困难转变成前进的动力

有句话说得好："困难像弹簧，你弱它就强。"困难本来无所谓强弱，它就像是一个欺善怕恶的小鬼，当你面对它时畏畏缩缩，心惊胆战，它就要跳起来，将千钧重担压在你身上。当你一旦能站到它的上面，你反而能借助"困难弹簧"的弹力，一跃冲天。

在生活与工作中，我们要善于把困难转变成前进的动力。当我们不断地克服困难，并通过它一步步地接近目标，每通过一个关口，都对下一关充满了好奇与期盼。下一站，将会有什么样的风景？这种强烈的好奇与期盼。就是让我们将困难转变为成功的推力，它会支撑着我们，突破一个又一个的困境，直至实现目标！

道理人人都能讲。可是要想将困难转化为成功的推力，具体应该怎样去操作？下面有两个小例子，仅供大家参考。

张可是一个文学青年，工余时间热爱写作，常常在网站上发表小说，还得过几次网络文学大奖。但是，她最近总觉得，自己所掌握的词汇量太少，不利于行文时的表达。听人介绍，背字典可以在短期内收到明显的成效，可她去试了一下，效果却很不理想！因为她默背的过程中，一旦记不起来，就忍不住马上翻字典查看。

为此，她想出了绝招：背一页，撕一页！理由是因为她心痛字典，所以每次撕掉一页，都必须花 10 倍的工夫去记住那一页的内容。

背字典难不难？本来挺难的。但是背不下来，翻字典，一点都不难！现在背一页，撕了，就给"背不下来，翻字典"这样一种偷懒的想法制造了一个"困难"，并且通过这样的困难，迫使自己更加认真、努力地去记忆。虽然这仅仅是一个"没有困难，制造困难也要上"的比较极端的例证，但是这种化困难为行动推力的思路却很有用。

化困难为成功的推力，方法有多种，生活中有很多成功的例子。

第四章 困难不要紧，坚定信念最重要

李科，35 岁，职业律师，年收入过百万。曾被某直辖市评为"2005 年十大杰出青年"，他因无偿为山区失学儿童打公益官司而声名鹊起，是个真正的青年才俊、事业有成的成功者。

在李科没有成功前，他的家庭环境不好，爸爸早逝，妈妈是农村妇女，没有收入。刚从政法大学毕业时，李科英语成绩未过四级，不能进入大律师事务所工作，只能挂靠在一家小律师事务所，当律师助理。实习 1 个月，不但没有收入，反而倒贴了 300 多元的车费与饭钱。由于入不敷出，妈妈就背着儿子，托朋友找了一份清洁工工作来补贴家用，地点就在李科上班的写字楼旁。

一天，李科办完事回家，意外地发现，妈妈正佝偻着身子，在楼道的垃圾桶里翻找东西。李科的眼眶立时就红了，赶紧趁着没人看见，将妈妈劝回家。在李科的坚持下，妈妈再没有去那里打工。

不过从此之后，李科比以往更加努力工作了，利用工余时间，他自修英语，半年后顺利拿到了四级证书。可有人发现李科每天下班后，仍然坚持要到那个"妈妈掏过的"垃圾桶旁边"罚站"5分钟。

他说，要记住那一次突然看到妈妈时的尴尬与心痛，以此来激励自己，绝对不能再让类似的事情发生。

这样的日子，只持续了 1 年，李科便成功跳槽到了一家中型律师事务所工作。由于工作努力，李科得到了业界前辈的赏识，事业也慢慢地走上了轨道，才有了后来的成就。

真的猛士，敢于直面惨淡人生！将困难化作行动的推动力，没有什么诀窍，其实就是将困难当作成功的一部分去看待，在通往成功的道路上，不断地用尴尬的困境来刺激自己。

困难，是不可逃避的客观事实。每当你需要克服一个困难，而因为懒惰、畏惧，不肯前行时，不妨再坚持一步，多想一想克服那个困难后，你能得到什么，不能克服它，你将失去什么。在失与得之间权衡利弊，想清楚每一件事情对自己的意义。这样，困难就不是困难，它就成了一座使你通向成功的桥梁。

正如一首歌所唱的那样：不经历风雨，怎么见彩虹？没有困难的成功，是不值得庆幸的。所以，请你以愉快的心情，毫无畏惧地去直面困难吧。真正悟出"与自己斗，其乐无穷"的道理，这将会使你一生受用无穷！

用困难塑造卓越的人生

冰心有首诗作得好："成功的花，人们只惊慕她现时的明艳，然而当初她的芽儿，却浸透了奋斗的泪泉，牺牲的血雨。"是的，"若非一番寒彻骨，哪得梅花扑鼻香"，在人生的背后，奋斗与牺牲是每个成功者的必然经历。

蔡荷出生在一个偏远地区的农村，农村里像她这样的女孩很多，家庭贫困，早早辍学，在家务农或是外出打工，挣钱补贴家用，让家里的弟兄继续学习。

蔡荷偏不这样，她喜欢上学。上完小学考上了县中学，父母死活不让她上了，弟弟还小呢，他是男儿，家里供不起两个，必须牺牲一个，理所当然的，这个人应该是作为女孩的蔡荷。

蔡荷不依，还在暑假，卷起自己睡的那床破被子就去学校报到了。她在县城捡废旧塑料瓶子、废旧纸箱，捡来堆在宿舍里，堆多了就拿去卖了换钱，攒学费、攒生活费，同室的人都厌恶她，说她把宿舍搞成了垃圾收购站。蔡荷依然我行我素，她没有同学那么好的命，有父母来给他们承担一切。她得靠自己。她在被窝里捂着被子无声地哭过很多回，但在别人面前，她从来不会把"难"和"苦"写在脸上。

上高中时，她不但继续捡垃圾，还利用课余时间在学校旁边一个小吃店打工，她挣下了自己的学费，省吃俭用，还邮些钱回去，给父母说，这是她尽自己最大的力所能帮助弟弟的了。

大学她学的是外语专业，早早她就开始接一些简单的翻译活儿，同时还勤工俭学。

靠着自己的努力，蔡荷上完了大学。除了专业之外，她还业余选修了经济学。早年的独立生活，锻炼了蔡荷极具经济意识的头脑。

83

后来她轻松应聘到一家外资企业，如今已经是那家外资企业的中层主管之一。

去年，回到故乡时，时尚的蔡荷让人几乎无法认出来，穿着香奈尔女装，挎 LV 的包包，喷着雅诗兰黛的香水，高贵迷人得像从电视里走出来的明星。父母把她当贵宾，亲戚邻居争相来看她。还有儿时的姐妹，她们大多辍学打工务农，早早结婚嫁人生子，和蔡荷站在一起，明显的天壤之别。还不到 30 岁的她们，很多看上去已经像 40 岁的中年妇女了。

临走，望着故乡的山山水水，回想着自己捡垃圾，吃馊饭的艰辛，蔡荷感叹不已。她的今天，完全是在困难中造就的。现在她的很多同学还不如她呢，如果她出生在一个普通的城市家庭，她会这样的努力吗？

蔡荷审视自己的内心，摇了摇头，她的资质只能说是一般，并不比她的童年好友优秀到哪里。但是困难给她的痛苦太深太强烈了，而她又是个不甘屈服的人，正是这样的感受和这种性格，令她自强不息、不停地追求，才造就了如今这个优秀的蔡荷。

我们每个人的一生中，总会被堆积在面前的大大小小的困难所牵绊，困难往往会锻炼人，塑造一个人，把人变优秀，变成熟。但并不是说，经历了困难，就一定会造就成功的人生。成功很大程度上是靠战胜挫折与困难获得的，一个人能否有这样的观念和意识，才是关键。

高位截瘫的人很多，但能像张海迪一样卓越的很少。单一的聋、哑、瞎的残疾人很多，但像海伦·凯勒三残具备，却成了著名教育家、作家的人更少。鞋匠有很多，鞋匠的孩子也很多，摆渡工、种植园的工人、店员、木工、测算员、律师很多，但成为总统的，也只有亚伯拉罕·林肯一个……

在充满变数的当今社会，今天的朝阳工业，明天就可能沦为夕阳产业。下岗、失业、职业转型等问题，已经成为一种不可避免的社会现象。很多人陷入其中不知所措，当然也有例外。一位朋友失业后，没过多久就又找到了一份理想的工作，而且待遇不错。在人人自危，漫天裁员的经济形势下，这么快找到可心的工作，真是让人感到意外。

有朋友问他使用了什么巧妙的办法。他说哪里使用过什么巧妙的办法，只是新的企业与原先的单位联系比较多，知道他在原单位的时候工作很努力、很用心罢了。只有好朋友知道，他一直都是追求卓越的人，不论在哪里。

一个人如果一贯地追求卓越，那么不用他自己说，也会被人知道的，甚至想不让别人知道都很难。追求卓越是一个人最好的名片与招牌。一个追求卓越的人，会积累一大笔宝贵的无形资产。这笔无形资产，会在冥冥之中帮助他走出困境、渡过难关，帮助他取得胜利、获得成功。

追求卓越是一种积极的心理状态，指的是行为过程中的心理倾向而不是行为结果。也就是说，当你做一件事情时，如果你在想方设法要把它做到完美，即使结果不一定是最好的，你也是在追求卓越了。

要养成追求卓越的良好习惯，需要一段时间的有意识的自我训练。许多人知道追求卓越的重要意义，而对自己进行训练，可是他们中的不少人最后放弃了，这是非常可惜的。

困难和成功不一定成绝对的正比关系，但是，困难是一种磨砺却是至理名言。一个人经历过，努力过，依然没有成功，但因为有过困难的磨砺，他的思想、观念、行事、作为，都会因此而改变，会懂得人生的真谛，会把人生的路走得更加踏实。

没有人能随随便便成功。有时困难和成功就像一个"人生跷跷板"，经历的困难越大，成功的可能性也就越大。而没有经历过困难的人，往往像温室的花朵，一阵风雨足可以将其摧残得再也直不起腰来。

在动物界里，也往往是这样，野生的动物，不管是生存能力还是其他方面的，往往优越于家养的动物。野生的动物困难重重，吃了上顿没下顿。不去拼搏厮杀，自己就会成为更强大动物的口中餐。但是这种生存困难，却造就了它们更懂得以卓绝的方式来生存。

只有经历过磨难的人，才能够走得更远更稳。当困难克服了，困境过去了，我们才会品尝到人生的真味，才懂得人生的苦，是怎样的一种苦，乐又是怎样的一种乐。

第五章　不善交际不要紧，宽容忍耐最重要

　　在人际关系中，难免会有冲突。如果所有的人都不能容人，那么怨尤就会像滚雪球一样越滚越大，最终形成糟糕的人际关系，影响人与人之间的正常交往。

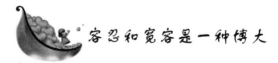 容忍和宽容是一种博大

俗话说："有容乃大。"意指能够包容才能成其之大。就如大海，包容万众河川，才成就了无垠的广阔，对于这种包容，谁又能认为是一种懦弱？

宽容是难得的品质。宽容别人，就意味着要"委屈"自己，然而正是因为它难以做到，才让我们更加体会到其难能可贵。

在人际关系中，难免会有冲突。如果所有的人都不能容人，那么怨尤就会像滚雪球一样越滚越大，最终形成糟糕的人际关系，影响人与人之间的正常交往。"冤冤相报何时了？"一句话道出了让人无奈的互相抱怨、不肯包容的结果。我们何苦让这种疑问再存在？只要有一方愿意后退一步，所有的怨尤即刻烟消云散。

有些人之所以不愿意容人，是因为他们觉得宽容更像是一种示弱的表现，在别人面前低头，伤害了自己的自尊。且不提古语曾教育我们"退一步海阔天空"，单是就宽容的理解来说，这种认识也并非正确。宽容不是懦弱，反而是一种大气，是人格魅力的最佳体现。

在双方处于胶着状态时，每个人都在等待对方先退让，仿佛只要自己坚守阵地就是坚守自尊，高高在上，像王族一般。其实，真正通情达理的人不会计较退让的先与后，先退一步，成就和谐的局面是成人之美。

时势造英雄，当时势已去，英雄不再顺应朝代的发展，只好退居二线，坐了后来人的冷板凳。这时候，能够容忍得了自己的现状的人拥有一种真正的博大胸怀。

很多人担得起成功却担不起失败，当英雄没有用武之地时，便让自己的精神生命也随之完结。实际上，机会青睐有准备的人，只要你愿意努力，总会再度发光。

只享受得了上台的风光，却忍受不了下台的没光，拿得起却放不下，实在算不上是有度量的人。当你能够宽容人生的悲哀之日、愿意接受并淡然处之，这才是真正的博大。

以宽容的心胸容人、以博大的胸怀容纳世间万物和自身处境，是我们终其一生都要锻炼的本领。在日常小事中，我们也要刻意地去自我要求。

在个人与朋友之间，少计较、多付出，多关注朋友有什么需求、为能够给朋友提供帮助而自豪，这样的人才能赢得真心的朋友。得道多助，失道寡助，朋友多了，自己的力量才会强大，这是相辅相成的。

在待人接物方面，保有一颗宽容之心会使你更有人格魅力。宽容会让人周身镀满光环，像圣母玛利亚一样使人愿意接近并与之共处。以宽容之心待人接物，带给别人的是感激，留给自己的是欣慰。

不被外界的事物左右自己的心情，就能更准确和明智地把握待人接物的标准，不会因为个人情绪而导致做了不该做的事。不以物喜，不以己悲是一种难能可贵的境界，是大彻大悟之后的心理状态，这样的人往往才更容易对人宽容。

当生活无情地摧残了你、当工作抛弃了你、当朋友离开了你，你都能坦然面对，以博大的心胸去接受这一切，练习将博大变为自己的习惯，就领悟到了生命的真谛。当博大已经成为习惯，你就不会再去计较人生中小的付出和小的失败，也更容易降低对别人的要求，多施宽容于他人。

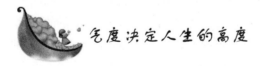

气度决定人生的高度

我们常说："宰相肚里能撑船。"其实这句话反过来也是成立的。不仅是做得了宰相的人就有大气度，有大气度的人也能获得大的成就，"肚里能撑船的人做得了宰相"。也就是说，气度决定人生的高度。

当我们放宽心胸，会发现人生的路也悄悄变宽了；当我们变得大度，会发现人生的高度也在悄悄增高。一个人有何等的气度，能

第五章 不善交际不要紧，宽容忍耐最重要

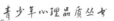

够决定其过怎样品质的人生。

　　阿明和阿郎都是很小就出来在饼店做学徒工的。十几年前，他们是同样的起点，拜在同一位老师门下，学的也是同样的东西。但是现如今，阿明还是在小饼店做技术，水平没有多少长进。而阿郎早已在一家大型连锁店做到了技术总监的位置。

　　是什么让他们产生了这样的差距呢？除了对待学习的态度和吃苦耐劳程度之外，还有很大一部分原因在于两人的气度完全不同。一个不愿意将自己所学的知识与人分享，总是自己偷着学或者私下问老师问题；另一个则总是将自己的想法和经验拿出来与人交流和探讨，直到做了老师，也一直将自己所知道的知识毫无保留地传授给学生，从不担心自己将来会无饭可吃。

　　久而久之，这两个人就变成了一个原地踏步发展，另一个则突飞猛进的态势。人生的形态和高度由气度来决定，心胸有多大，未来的天空就有多大。

　　除了要有容人的气度，我们还要有输得起的气度。尤其是在创业初期的人们要听得进亲友的劝告，赢得起，更要输得起。严酷的现实就在眼前，那就勇敢去面对，认认真真去重新评估自己手中的资源，将固定资产、现金、流动资金、商标、专利技术、客户以及各种关系资源一一理顺，准备着再次创业。

　　当你拥有输得起的气度时，成功总会垂青于你。人生最大的失败是不愿意尝试新的事物或者机会，导致机会白白溜走。人类之所以会进步，不就是在一次次的失败之后才取得的吗？小到个人对于事业的追逐和尝试，大到统治者对于社会变革的尝试，没有足够大的气度做好迎接失败的准备，怎么能容得下这一次次的尝试？

　　我们每个人从生来就具备无所畏惧的勇气，因为刚刚接触社会时什么都不懂，所谓"无知者无畏"，反而会什么都愿意尝试，但是随着年龄逐渐增长、阅历逐渐丰富，我们开始变得畏首畏尾，不敢轻易尝试，因为这时候我们知道了只要尝试就意味着有可能遭遇失败、会失去某些已经握在手里的东西，我们不愿意去接受这种失去，于是拒绝尝试。

　　然而，有气度、能够承担失去的人则不同，他们更像是初生的婴儿，什么都想去尝试。在他们的眼中，尝试带来的机遇与挑战要足够好过守着自己固有的所得，过着一成不变的日子。

敢于尝试的人自然会比我们常人获得更多的成功，达到更高的人生高度。

你愿意将自己的生命拓宽成什么样子，当你付诸努力，全世界都会来配合你。只要你敢想，成功就真的会来。你的心态决定了你的舞台，你的气度决定了你人生的高度。

有大气度的人，仿佛全世界都会响应他们的号召，听从他们的指挥，帮助他们取得人生的一次次胜利。心有多大，舞台就有多大，让你尽情去起舞，赢得喝彩声。

你决定不了生命的长度，但你可以选择生命的宽度。从宽度上来增加生命的覆盖面积、丰富生命的每一分钟，如此来达到更高的人生高度也是一件令人骄傲的事情。

你应该拓宽生命，用个人的气度来撑起生命的高度。你不能盲目地追求生命有多绚丽多彩，但是可以让它达到足以令你骄傲的高度，并为之而不懈努力。

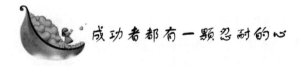

成功者都有一颗忍耐的心

成功者，没有一个是顺顺利利走到今天的。如果没有尝过凄风苦雨、没有日日披星戴月、没有忍过呕心沥血，他们也不可能见到今日之彩虹、今时之金风。成功者都有一颗忍耐的心，甚至比常人更加有忍耐力。

我们看到他人中午才起，却不知道他们早晨才睡；嘲笑他人痴人说梦，却不知道他们背后的决心；看到他人荣华围绕，却看不到他们背后的辛酸。有一种人看起来活得毫不费力，实际上他们曾经付出过常人难及的努力。

富兰克林曾经说过："只有有耐心的人才能达到他所希望达到的结果。"如果在人生许多该忍耐的时候不去忍耐，那么成功肯定不会

91

垂青于你。

事事如意是不可能存在的，在通往如意的道路上总会有很多的不如意来打击着你的自信、敲击着你的神经，让你杯弓蛇影、寝食难安。其实，人生不如意之事十之八九，若总是被其牵着鼻子走，那岂不是要天天以泪洗面？

青青刚刚投资互联网的时候，遭到了身边家人与朋友的一致反对，他们觉得互联网太虚幻，把钱投在互联网上总不如投在实体上让人放心。

但是青青坚信自己的眼光不会错，他经过了充分的市场调查，相信未来互联网将会在市场经济中起到举足轻重的作用，于是他义无反顾地将自己手中的资金全部注入了一家服务类型的门户网站。

刚开始，只见青青往里投钱而不见赚钱，父母就提心吊胆的，毕竟青青砸上了家里全部的积蓄。在几次网站几乎难以运作的时候，青青都没有放弃，他通过向同学与朋友借钱化解了危机，又借助各种方式为自己的小站打广告。终于，在 2010 年，青青迎来了自己事业的春天，网站的运营逐渐步入了正轨。

如果没有坚持和忍耐，青青不会走到今天，是忍耐造就了青青的成功。

只要不被失败打倒，在失败面前不气馁、不慌乱，你就能赢得最终的胜利。忍耐是一个漫长的过程，但绝对是一个令人感叹和感恩的过程。能够忍耐到下一个春天的人不容易，然而也正是因为少，所以才弥足珍贵。

遇到挫折时不能逃避，逃避是弱者的表现。强者总是对命运嗤之以鼻，他们不怕命运给自己设置障碍，就算有障碍，也能够坚持、隐忍，一直到看到胜利的曙光。

天才是由障碍造就的。司马迁曾在《史记》中写道："盖文王拘而演《周易》；仲尼厄而作《春秋》；屈原放逐乃赋《离骚》；左丘失明，厥有《国语》；孙子膑脚，修列《兵法》；吕不韦迁蜀，世传《吕览》；韩非囚于秦，著有《说难》《孤愤》；诗三百篇，大抵圣贤发愤之所作也。"说的又何尝不是他自己。

被誉为"当代保尔"的张海迪，在高位截瘫的身体情况下硬是以惊人的毅力与病魔作抗争；海伦·凯勒双目失明、双耳失聪，却以坚韧不拔的精神忍过了最痛苦的日子，终于以优异的成绩从大学毕业；鲁滨逊在和船队失散后，靠着自己的一身打猎本领，在距离家乡那么遥远的荒岛上生活了28年，坚强地活了下来。

有这样一个故事，讲的是一个人的船在大海上遭到了灭顶之灾，他只能靠着一块木板漂浮在大海上，每天靠抓鱼吃、喝海水延续生命。两个月后，海岸巡逻队发现了他，才把他救上了岸。这是一个真实的平凡人的传奇故事，这个人不就是清朝郑燮的诗里写的那种如竹子一样的人吗？"咬定青山不放松，立根原来破岩中。千磨万击还坚劲，任尔东西南北风。"这么能忍耐的人，在现实中一定能成功。

小时候，大人带着你走远路，当你埋怨累时，他们总是会说："再咬咬牙坚持一会儿就到了。"人生的历程也是这样，不过都是一样的要咬牙坚持。坚持得久了，就算是忍耐。

小时候的忍耐是忍着腿脚的辛苦，而长大以后，除了身体上的忍耐，还要忍住精神的疲惫、旁人的不解、家人的反对以及社会的不公，等等。

要忍耐的事情多了，但是方法还是一样——咬咬牙，如此，再苦也很快就会过去了。我们有了成熟的体魄，更要有成熟的精神来鼓励自己和为自己加油。

单纯地忍耐，看不到希望、看不到尽头是不可取的，要懂得在忍耐中时常给自己以希望。要忍耐800米长跑的苦累，就要看到终点的奖杯；要忍耐冬天的酷寒，就要让自己看到春天的温暖；要忍耐人生的凄苦，就要让自己看到未来的美好生活。

有希望，忍耐才有动力，才不致在中途放弃。

第五章　不善交际不要紧，宽容忍耐最重要

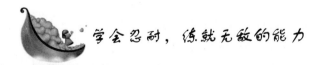

学会忍耐，练就无敌的能力

无论在学习、生活还是工作中，我们总会不时地遭遇一些困境和挫折，这时候，"忍"的功力就要大爆发了。只要能忍过去，困境和挫折都会变成让自己更强大的武器。而无法容忍的人，要么放弃、不再努力，要么被困难吓倒，败在挫折脚下。

日本著名的"忍者"，讲究的就是忍耐的能力，他们挑战人类的各种忍耐极限，从而让自己无论从身体上还是思想意识上都达到常人所不能达到的水平。所谓忍者无敌，从科学道理上来讲确实是如此。

洛克刚刚毕业时，被分配到一家石油公司的海上油井队工作。上班第一天，工头让他在规定的时间里将一个漂亮的盒子交给主管。但是主管正在几十米高的钻井架上工作，洛克只能硬着头皮爬了上去。谁知，当他将盒子递给主管时，主管只是在上面签了个名，便叫他将盒子还回去。

洛克莫名其妙地按照主管的话去做了，结果盒子到了工头手里，又只是签了自己的名字，便叫他再次交给主管。这时候，洛克的疑惑更深了，但又不好问清楚为什么，只好依样照办。主管再次当着他的面签好名字叫他还给工头。如此来回3次后，工头终于叫住了他，让他亲手打开那个盒子。

洛克疑惑地打开盒子，惊讶地发现里边只有一罐咖啡，心里的怒火"噌"地一下就冒了出来。当工头告诉他去冲杯咖啡时，洛克终于忍无可忍，甩手说："我是来这里工作的！不是来被你们涮着玩儿的！我学的专业是石油工程，而不是爬梯子！我不干了！"

工头失望地摇了摇头说："年轻人，我们的工作的确是石油工程，需要你这个专业的人才。但是要做好这份工作，首先要能通过极限考验，因为这份工作中将会有很多危险存在，不能通过忍耐极限的考验，我们不敢收留你。本来你已经过了3关，眼看就要喝到自己亲手泡的咖啡，坐下歇一会儿签合同的，但是现在，很遗憾，你把自己辞退了！"

当挫折降临时，我们首先要认清楚它是不是来考验我们的、我们是不是应该理智地对待它，而不是任由自己的性子来。有时候，有些困境被包裹在五颜六色的外衣里，让我们难以看透。擦亮你的眼睛，认清楚哪些是通往成功的道路上必须要逾越的挫折、哪些是可以不必理会的鸡毛蒜皮的小事。

人的一生离不开喜怒哀乐4种情绪。当遭遇挫折时，你是否依然能够让自己保持积极的情绪、让自己历经磨炼而变得更加强大，这是一种能力。真正的强者在春风得意时不会得意忘形，在困境缠身时也不会萎靡不振，挫折反而让他们更加清醒，在外界的嘈杂中沉淀自己平和的心态。

大学者富兰克林初期写的许多有关电学的论文都被皇家学会刊物拒绝刊载，始终得不到科学权威人士的承认。他的理论被嘲笑，他的实验让人不屑一顾，他本人更是因为观点与皇家学会的院长背道而驰而遭到人身攻击。就是在这样的困境里，富兰克林为了坚持真理，始终积极地投身到实验室中，一次次用科学实践来证明自己的观点，更有一次冒着生命危险进行风筝引雷电的实验。

最终，富兰克林得到了科学界的承认。挫折没有将其打倒，反而让他无比清醒地知道自己在为什么而奋斗、为什么而执著。通过忍耐，他获得了成功，他的论文被译作多国文字而广为传播，得到了全世界关于其科学家身份的公认。

我们必须正视挫折、忍耐挫折，在困境里不断给自己鼓劲，让自己用全部的力量去扛过人生的冬天，迎接春天的来临。

如何熬过冬天，有这样一个童话故事。

一个小男孩的父母因为意外去世了，留给他的只有一小袋豆子，这是他整个冬天唯一的粮食。寒风凛冽，小男孩饥寒交迫，多少次想要拆开袋子将豆子煮着吃了，可是母亲在奄奄一息时曾经告诉过他："豆子一定要等到春天时种到地里去……"

小男孩靠着捡破烂换点儿钱勉强维持生命，即使饿昏在路边，仍然不肯将豆子吃掉。

严寒的冬天终于过去，春风拂面，小男孩这才小心翼翼地把豆子拿出来，全部种进了门前的土地中。到了秋天，小男孩收获了许许多多的豆子，再也不用发愁下一个冬天该怎么熬过了。

"忍"被小男孩应用到了极限。如果没有忍耐的功夫，小男孩即使靠着那一小袋豆子活过了那个冬天，却将会在终生的饥寒交迫中度过。

95

第五章 不善交际不要紧，宽容忍耐最重要

这个故事告诉我们，有时候为了来年更美好，为了一辈子衣食无忧，我们必须要忍着痛苦过完"冬天"，如此，我们终生都有足够的豆子吃。忍者无敌，希望我们都能够像寓言中的小男孩一样学会忍耐，练就无敌的能力。

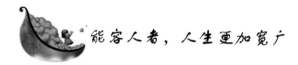 能容人者，人生更加宽广

对自己说不要紧

能够容人的人往往也更容易得人心，因为能容人的人往往容易让人心悦诚服，从而愿意跟随他们，愿意围拢在其周围共同成就事业。

能够容人之人，也会从容人中体会到灵魂的升华，会让自己处于自我欣赏的状态，从而展现给外界一种慈悲的光环，更容易赢得众人的爱戴，聚拢身边同样的有识之士，或者至少能够赢得真正的感情。

在"二战"期间，一支部队与敌军不期而遇，经过一场恶战，两名士兵与大部队失去了联系，孤零零地在森林中跋涉，期望能够活下去，等待大部队的救援。两个人都又累又渴，但身上仅有一小块鹿肉，而救援部队什么时候赶到还未可知，所以谁都不敢动那块鹿肉，两个人互相安慰、勉励着，一直往前走。

第二天，他们又碰到了敌军的部队，幸好，其中一个比较聪明，巧妙地引开了敌人，脱离了危险。但是经过激烈的奔跑逃命，两个人的体力又消耗了一些。

稍稍松懈了一些，当他们还自以为安全时，突然，走在前面的士兵中了一枪，还好那一枪先打在了鹿肉上，又擦伤了他的肩膀，伤得不是很严重，走在后面的战友急忙战战兢兢地跑过来，痛哭流涕地抱住他，并将自己的衣服扯下来帮他包扎了伤口。

那天晚上，谁都没有提过要动那块鹿肉，仿佛那已经成为了指引他们活下去的力量。第二天，大部队终于赶来救了他们。

30年后，当年走在后面的士兵去世了，受伤的士兵才谈起往事，

他说："我知道当年是谁朝我开的枪，他就是我的战友。他跑来抱住我时，我碰到了他发热的枪管，就明白了一切。"

别人问他："那你为什么没有报复呢？"

士兵说："是战争的残酷才让他朝我开了枪，不能完全怪他。当时唯一能让我们活下去的就是我肩上的那块鹿肉，他想独吞也是人之常情。见我受伤，他痛哭流涕，我看到了他的忏悔，马上就原谅了他。我们都有父母妻儿，都想活着回来看望他们。从那以后，我们两个成了一辈子的好朋友。他到死都不知道我知道是他开了枪，但是从那以后，他再也没有害过我。"

这位士兵用自己的包容之心赢得了一位真心的好朋友，这就是容人者的气量，哪怕对方曾起过杀心，他依然相信其心地是善良的。

不要让怨恨成为绑住你心灵的枷锁，毁掉你原本美好轻松的生活。心理学家告诉我们："宽恕与快乐紧紧相连，宽恕是所有美德中最难得的一种，是'美德皇后'。"

宽容他人是做人的一种修养，宽容他人也会让你的人生变得更加宽广。我们在现实生活中要学会何时睁大眼睛看清事实、何时睁一只眼，闭一只眼，宽容别人的过错，给做错事的人一次改过自新的机会。

某教会的长老们有一天聚到一起开会，因为教会执事因不小心而出现了工作失职，有一位长老站起来生气地说："我认为一定要给他严厉的惩戒，只有这样，他才会记住自己的失误，下次不再犯。上帝赐给我们明亮的双眼，不就是要我们看清世间的一切事实吗？"

他的建议遭到了其他几位长老的反对，理由是："我们除了拥有双眼，还拥有可以盖上双眼的眼皮。我们要分清楚什么时候该睁眼看事实、什么时候该闭眼由他去。既然这位执事的错误不是有心之失，且认错态度诚恳，我们就应该原谅他这一次。"

宽容别人同时也能够成就自己的宽大，正如天空收容每一片云彩，无论其美丑，所以天空广袤无垠；大海收容每一支溪流，无论其清浊，所以大海浩瀚壮阔；高山收容每一块石头，无论其大小，所以高山雄伟高耸。

我们宽容别人，同时也是解放了自己的心灵，让自己变得更加宽宏博大，两全其美，何乐而不为呢？

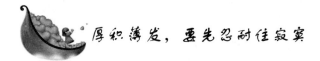

厚积薄发，要先忍耐住寂寞

厚积薄发，指的是人要先忍耐住爆发前的寂寞，待到合适的时机才能一鼓作气、一飞冲天。"不积跬步，无以至千里；不积小流，无以成江海"。毕竟任何能力的形成都不是一朝一夕就可以做到的，都需要一点点地积累。在这个积累的过程中，寂寞和辛苦是一定会相伴随的，能不能练成"真功夫"，就看你能不能耐得住寂寞，等到厚积薄发的时刻来临。

年轻时候的梅兰芳曾经去向一位师父拜师学艺，师父并不看好他，觉得他天资不足，即使学习也成不了大才，于是坚决不收他这个徒弟。这样的拒绝没有让梅兰芳失去信心，而是让他更加勤奋地练声、更加努力地学习唱戏。

就是这个被老师拒收的小学徒，后来成了享誉中外的艺术家。

爱因斯坦上小学的时候，老师们都不愿意收他，觉得他太笨了。有一次上美术课，老师让同学们画一把小椅子，爱因斯坦认认真真地画出来交上去后，却被老师无情地退了回来，老师当着大家的面说："你怎么这么笨，画得这么丑！这简直是我见过的世界上最丑的小椅子了！"爱因斯坦站起来大声说："不，老师，我前两次画的比这个更丑，这已经是我画的第3遍了！"

但就是这个当年被称为"笨蛋"的小学生，后来发现了相对论，成为人类历史上最伟大的物理学家。

梅兰芳和爱因斯坦并没有被别人的拒绝和看不起打倒，而是不断朝着自己的目标进发，终于厚积薄发，一朝赢得了天下人的赏识。学习就像是滚雪球，只要每日不停地积累，总会越来越大。知识的积累是一个过程，是一个人实实在在的才学，骗不了自己，也骗不了别人。

　　文艺复兴时期，著名的画家达·芬奇从小喜欢绘画，父亲为了培养他的能力，特意送他去佛罗伦萨的著名画家佛罗吉奥那里去学画。刚开始，达·芬奇很兴奋，觉得终于可以跟着著名画家学画画，自己一定能进步飞快。

　　但是出乎其意料的是，老师只是让他每天画鸡蛋，一连画了十几天，达·芬奇终于不耐烦地问老师："您为什么不教我画画而总是让我画鸡蛋呢？鸡蛋我早就会画了，您让我画点儿别的吧！"

　　老师对他说："不要以为画鸡蛋很容易，在 1000 个鸡蛋中，你挑不出两只完全一样的。哪怕是同一只鸡蛋，只要换一下角度也会是不同的样子。你要把鸡蛋画好，还需要多下功夫才是。"

　　听了老师的话，达·芬奇羞愧不已，从此以后更加努力地练习画鸡蛋，终于将自己的美术功底打得极其深厚，最终画出了世界名画，名垂千古。

　　如果没有厚积，就没有底蕴，还谈何爆发呢？鲁迅说过，无论你选择做什么，只要不断收集材料、不断充实自己，"十年终可成一学"。无论是知识还是能力都是一样，只要你愿意在寂寞中不断地积累，终能成就所学。

　　20 世纪，在美国的一间狭窄潮湿的地下室里，有一位年轻人每天在纸上描摹数百万根的 K 线，然后贴在墙上对着它们冥思苦想。后来，他又找来美国证券市场上有史以来的所有数据记录，研究它们之间的规律。再后来，他又研究了美国证券市场的走势和古老的代数学、几何学和星象学之间的关系。在他做这些研究的 6 年间，没有任何收入，只有靠朋友的接济勉强度日，吃了上顿没下顿。但窘迫没有打断他的研究，寂寞没有打断他的研究，甚至一次次的失败也没有让他放弃。

　　6 年后，他成立了自己的公司，在华尔街上赚取了 5 亿美元的巨大财富。他所凭借的是自己 6 年来的研究结果，他称之为"控制时间因素"，以这个来预测证券市场的走势。在华尔街上，单纯靠着研究理论而白手起家、为自己狂揽财富的人仅此一位，他就是威廉·江恩，著名的证券行业"波浪理论"的创始人。

　　6 年的寂寞和潦倒，威廉都熬了过来，终于在一夕之间显露锋芒；这就是威廉·江恩的成功之路，而我们却常常难以忍受一时的寂寞而放弃所研究的事物或者学业。

　　要成就一份事业，就需要厚积薄发，需要承受得了寂寞的侵蚀。

对自己说不要紧

第六章　没有背景不要紧，自己争气最重要

　　不管自己有没有背景，只要心怀大志，肯努力，就一定会成功，纵观古今，我们这个世界上更多的是没有背景的成功者。

没有背景未必就不能成功

约翰·富勒的父亲是路易斯安纳州黑人佃户，家中兄弟姐妹一共七人。他从五岁就开始工作，九岁时会赶骡子。这些一点也不稀奇。因为佃农的孩子大多在年幼时就必须工作，他们对于贫穷十分认命。

富勒有一位了不起的母亲，她始终相信一家人应该过着快乐且衣食无虑的生活。她经常和儿子谈到自己的梦想。

"我们不应该这么穷。"她时常这么说，"不要说贫穷是因为没有背景。我们很穷，但我们不能怪自己没有背景，要知道没有背景未必就不能成功，我们之所以穷，那是因为你的爸爸从来不想追求富裕的生活，家中每一个人都心无大志。"

"没有背景未必就不能成功。"母亲的话深植在富勒的心中，他决定通过自身的努力来达成愿望，实现成功。

经过一段时间的社会历练，富勒发现推销东西是条致富的捷径，便走入了推销的行业，经过不断的努力，他一步步地跨入了美国富人的行列中。后来，他在总结自己成功的经验时，依然重复了母亲告诉他的那一句话："没有背景未必就不能成功，只要自己心有大志肯努力。"

的确，不管自己有没有背景，只要心怀大志，肯努力，就一定会成功，纵观古今，我们这个世界上更多的是没有背景的成功者。许多人都不明白这个道理，以为成功就必须依靠背景，这种想法是多么的错误。

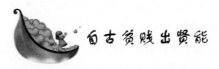

战胜艰难险阻并最终获得成功的例子不胜枚举，这恰恰证明了这两句格言："艰难困苦，玉汝于成"，"有志者，事竟成"。

没有人确切地知道莎士比亚的出身到底怎样，但是，毫无疑问，他出身于社会底层。他的父亲是一位屠夫兼牧场主，据说莎士比亚小时候当过梳毛工，有些人说他在学校当过看门人。他似乎"不是一个具体的人，而是全人类的缩影"。他对海洋的精当描写使一位海军作家断定他肯定当过水手；而一位神职人员则从莎翁著作的细节推断出莎士比亚曾经很可能当过神职人员；一位出色的相马手则坚持说莎士比亚肯定当过马贩子。莎士比亚是个当之无愧的演员，广泛的经验和观察为他积累了丰富的知识，使他一生中"扮演了很多的角色"。

裁缝似乎是一种很卑微的职业，然而在裁缝中也不乏佼佼者。历史学家约翰·斯通曾经当过裁缝。画家杰克逊在他成年前一直做衣服。勇敢的约翰·霍克斯伍德因在波依蒂尔斯的出色表现而被国王爱德华三世授予爵士称号，而他早年曾给伦敦的一位裁缝当学徒。还有 1702 年在维戈冲破了敌军重围的霍布森将军，他也是同样的出身，他曾在威特岛靠近本彻奇的地方学缝纫。当听说有一队战士要途经该岛的时候，他马上冲出裁缝店，和同伴一起奔向海边，欣赏部队经过的壮观景象。这孩子突然萌生了要当水手的念头。他随即跳进一艘小船，划向海军舰只，上了司令的船，他成了一名志愿兵。多年以后，他载誉而归，在他当学徒的小屋里吃烤肉和鸡蛋。

最伟大的裁缝毫无疑问当属安德鲁·约翰逊了，他是一个具有超凡魅力且见识卓越的人。在华盛顿的一次演讲中，当他说到自己是从当市议会议员开始政治生涯并管理过各个立法部门的时候，人群中有人喊到："你是从裁缝堆里出来的。"约翰逊总是欣然接受这些嘲讽："某些先生说我过去当过裁缝，我一点都不难过。因为我当

第六章　没有背景不要紧，自己争气最重要

裁缝的时候，谁都知道我是个好裁缝，而且我做的衣服很合体。我对客户很讲信誉，而且干得很出色。"在科学界很多取得骄人成就者，他们身世也很黯淡。

哥白尼是一位波兰面包师的儿子；开普勒，一位德国小店主的儿子，而开普勒自己也曾当过"餐馆的服务生"；达隆巴特，在一个寒冷的冬夜，被人抛弃在巴黎圣·让·隆德教堂的台阶上，被一个玻璃安装工的妻子捡到并抚养成人；拉普拉斯则是汉弗勒尔附近波蒙特奥奇一位贫苦农民的儿子。

天文学家和数学家拉格朗日的父亲在都灵担任战时财务主管，然而由于投机活动毁掉了自己，他的家庭陷入相对贫困之中。拉格朗日一直愿意把他的名声和幸福归功于当时的艰苦环境。他说："如果我当初很富裕的话，我或许就成不了数学家。"尽管他们出身微贱，早年的生活环境相对比较恶劣，但这些杰出人物通过他们的聪明才智获得了永久的声誉，这是世界上任何财富也无法买到的。

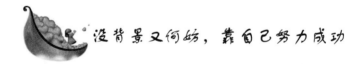

没背景又何妨，靠自己努力成功

我们不能否认，在奔向成功的道路上，假如有一些背景帮助，的确有助于早一点实现成功，或者说，能把成功的目标或者规模扩大化。但是，如果真的没有背景，我们也不能灰心丧气，毕竟在这个世界上，没有背景，而又获得成功的是绝大多数。

著名华人企业家李嘉诚在 1939 年国难当头时，一家逃到了香港，其父因长年劳累，贫困忧愤，染上了肺病，撒手西归，整个家庭都要依靠他，而他才仅仅 14 岁，在当时的香港社会中没有任何背景，他就从茶楼跑堂的做起，一步步攀上了成功的巅峰。

有时候，机会对于每个人都是平等的，只有我们心存希望，并肯奋斗到底，就会有所成就。所以，我们尽管没有背景，也不要以为成功将与我们擦肩而过，而应该一心向上，发奋努力，那么，成功也就会指日可待了。

因为没有任何背景，我们在社会上立足、创业，实现自己的梦想，的确要费一些周折，但是，没有任何背景，我们就无所凭借，更应该奋发有为。

一个人要想成功，首先要学会支配自己的人生，所以，不可任由别人摆布。从古至今，获得成功、过着幸福生活的人，大多是抛开背景，拒绝受人摆布、自己开创自己命运的人，他们都懂得该如何将逆境转变为机会，为自己铺设光明之途。

富兰克林是美国最伟大的先驱者和美国国家的缔造者之一。美国立国的基石，即《独立宣言》和《美国宪法》，都是他与几位政治巨人共同起草和签署的。同时，他又是一位出色的科学家、出版家、外交家、哲学家和实业家。

他的成功就是完全没有依靠任何背景，仅凭自己不断的努力和奋斗实现的。

在老年时，富兰克林在回忆自己一生的经历时，曾说过这样一段话：

我出身于贫寒卑微的家庭，现在却生活富足，并且在世界上还享有一定的声誉……每当我回想起自己一生的成功，我不禁会说，如果能让我再选择一次的话，我将乐意再过上一遍相同的生活，只是要求像一个作家那样，在再版时能够纠正第一版的某些错误。当然，除了纠正错误之外，我还要使一生中那些不幸的经历能变得更顺利一些。

富兰克林是移民之子。1682 年，他的父亲乔塞亚·富兰克林因为宗教原因携全家来到新大陆的波士顿，耕种着 30 多亩地，另以打铁为副业，他结过两次婚，共有 17 个孩子，富兰克林是他的小儿子。在 8 岁时，他打算把这个小儿子奉献给教会，所以，把他送到了学校去读书。就是在这样的背景下，富兰克林通过刻苦学习，不断的努力拼搏，才逐渐地取得了后来的一系列成就。

美国人景仰华盛顿，敬佩杰弗逊，崇敬林肯，但是对于富兰克林，却更愿意以他的本色来考察他，将他视为芸芸众生中的一员。在他面前，普通老百姓一点也不会感到拘束，因为他本来就是来自社会最底层，而且总是平和沉稳、无所畏惧、与人为善。

105

他比任何美国历史名人更能体现美国精神。正如亨利·斯蒂尔·康马杰所说："在那些仪表庄重、令人钦佩的开国元勋中，他是唯一没有依靠任何背景实现成功的一位。华盛顿、杰弗逊、两位亚当斯、潘恩、亨利、汉密尔顿等都有一个良好的家庭背景在身后支撑，而富兰克林没有任何背景，也没有去主动依靠任何背景，仅凭自己的不断努力和艰苦奋斗，取得了人生的辉煌。

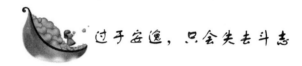

过于安逸，只会失去斗志

中国历史上就有"从来贫贱多才俊，自古纨绔少伟男"的说法，这句话说明了环境对于人的影响的深刻性。过于安逸的环境并不会让人得到锻炼和成长，相反，只会让人失去斗志、没有奋斗的动力，待在原地不愿前行。而成名成功的人往往都是那些经历过大灾大难或者贫苦生活的打磨的。

在苦难中浸泡出来的成功才格外芬芳。我国民间有"穷养儿子"的说法，如今很多家长不仅"穷养儿子"，连对于女儿也会在某些方面进行"穷养"。无论多么富有的家庭，也会尽量给儿子提供一种充满磨炼的成长环境，让他们吃点儿苦、受点儿累，从分析问题的过程中自己学到解决问题的方法，找到最佳的成长之路，为他们长大以后面临社会压力提前打下基础。只有在磨难中，孩子才能学好一身本领，将来才能撑起一方天地，这种"没有挫折也要制造挫折"的教育方式正在得到越来越多的父母的认可。

安逸的环境难免让人沉溺在其中，渐渐失去努力的动力和奋斗的方向，逐渐成为"蛀虫"，坐吃山空，难以自持和自立。民间所谓的"富不过三代"指的就是这个意思。坐吃山空，就是指金山银山也有被吃完的一天。

你相信吗？比尔·盖茨居于世界首富的地位，居然对他的孩子们严格控制零花钱。他从不让他们多花钱，在日常生活中总是强调要节俭。

比尔·盖茨给他的孩子们灌输这样一种观念：家里的钱都是爸爸妈妈辛苦赚来的，你们要花就应该靠自己的劳动来赚取。于是在家里，盖茨设置了家务劳动赚钱的规矩，对每一项劳动都明码标价，绝不多给孩子们一分钱，让他们明白钱是靠自己的劳动得来的，而不是可以不劳而获的。

试想，如果比尔·盖茨由着孩子们花钱，他赚的那些钱也可以保证他们一辈子衣食无忧。但若真是那样，盖茨就等于养了一堆蛀虫，孩子们就不会有什么未来。比尔·盖茨深知太过安逸的环境会对孩子们产生很大的危害，因此宁愿自己唱白脸，让孩子们觉得父亲严厉苛刻，也不愿意孩子们在安逸的环境里长大、长歪。

除了金钱上的安逸，还有一种安逸的危害更大，那就是思想上的安逸，对自己目前的状态过于满足，根本就没有任何想要进取的动机，这种安逸不仅从经济上危害人，更重要的是它会让人彻底失去前进的内在需求，让人整天"混日子"，没有任何进步可言。

在日常工作中，我们常常碰到这种人：每天准点上下班，看上去非常井井有条，但日子却没有任何激情，工作永远没有进步，论资历，他们比谁都长，但评职称从来轮不到他们。这种人已经对自己没有任何要求，也许是因为工作环境太安逸，也许是工作难度太小，没有任何挑战性，导致他们没有危机感、没有后顾之忧。总之，这种人平日的表现就是死气沉沉、没有激情。

其实，每日认真努力工作也是一天，浑浑噩噩地混过去也是一天，为何不让自己的人生变得激情充沛一些呢？

纵容自己在太安逸的环境中，抱着安逸的思想，其实是在自掘坟墓。

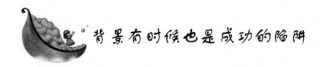

背景有时候也是成功的陷阱

许多人认为，要想取得事业上的成功，就要有一个强大的靠山在背后支撑自己，那样，就可以借助这个背景，不断地攀援向上，其实，这个想法是很危险的。要知道，背景有时候也是成功的陷阱。

陈自强是南宋淳熙五年时的进士。韩胄执掌朝政大权，陈自强早年曾做过韩胄的启蒙教师，所以他一心想利用过去的这段历史来攀龙附凤，以求腾达，后来他几经周折，获得了拜谒韩胄的机会。那天，他到韩府的时候，正好韩胄手下的官员也都到了，韩胄对陈自强拜了两拜，然后才招呼手下的官员一同坐下。坐下后，韩胄还称赞说："陈先生是位饱学的老儒生，很有才干。"第二天，那些善于察言观色的官员就异口同声推荐陈自强。这样，在韩胄的授意和扶持下，陈自强便以太学博士的身份开始登上了官场。

可是后来，韩胄被史弥远密谋杀掉，陈自强也被指斥阿附谄媚，不问国事，随即被罢了宰相之职，并流放外地，最后死于广州。

陈自强因韩胄而得显贵，终因韩胄而失势，这正应了"城门失火，殃及池鱼"的俗话。陈自强寻到了韩胄这棵大树，紧紧抱住韩胄的大腿，实际上也就把自己绑到了韩胄的战车上。韩胄倒台，他就不得不做了韩胄的殉葬品。

中国人多信奉"朝中有人好做官"、"大树底下好乘凉"的人生哲学，所以，在奔赴成功的路上，总把希望寄托于借助他人的权势、财富、威名等来达到自己成功的目的，这种想法是很荒谬的。

历史上有名的大贪官和王申的败亡就是对此的形象注解。和王申27岁时就做了军机大臣，37岁授文华殿大学士，兼吏、户、兵部尚书，47岁成为宰相，掌管着国家的内政外交，集国家的行政权、财权、兵权和人事权于一身，赢得了乾隆皇帝的绝对宠信，成为把持大清王朝所有实权的重要人物，呼风唤雨，甚至一跺脚，大清帝国就会抖三抖。不仅如此，他还聚敛起巨额财富，家产好几千万，几近乾隆时期清政府一年的财政收入，他被抄家以后，民间有"和珅跌倒，嘉庆吃饱"的说法，堪称当时的首富。

他为什么最后会被逼得自杀？一个十分重要的原因，就是他的有力靠山和坚强后盾乾隆皇帝死了，而他没能笼络住新登基的嘉庆皇帝，或者说，他错误地估计了形势，过于看重自己的实力，没有把嘉庆皇帝放在眼里，甚至敢于与嘉庆皇帝做对，结果乾隆皇帝尸骨未寒，刚去世4天，他就被嘉庆皇帝赐死了。

对自己说不要紧

自己不争气，贵人相助也白搭

有一类人，自恃身后有贵人相助，便认为自己能够一帆风顺，马到成功，所以得意忘形，行为张狂，最终导致了失败。

小李和老张同是某公安局的副局长，最近，这个局的正局长要调走了，上面准备在他们两个人中选择一个提拔为正局长，小李自恃在上面有贵人扶持自己，便认为胜券在握，所以在工作上趾高气扬，目中无人，并有意识地排挤老张。老张碍于人家上面有人在扶持，也就忍气吞声了。但是，小李有些得寸进尺，想凭借自己的背景，进一步排挤老张，老张实在忍无可忍了。

在一次出差途中，小李将随身携带的手枪遗漏在某宾馆，宾馆负责人事后将手枪交给当地派出所，并由派出所将此事通报给主管此类工作的老张，本来老张可以偷偷把这件事给遮掩过去，但他想起小李平时气势凌人排挤自己的样子，一怒之下，把此事向省公安厅汇报了，这样，虽然老张不能升为正局长，但小李的失误，也导致他纵有贵人相助，也不能被提拔为正局长。后来，上面经多方考虑，从省公安厅委派了一位局长下来，同时，也对小李的失误进行了一番处理，从此小李在局里的威信也就一落千丈了。

有许多人以为自己身后有贵人相助，便可很轻易地实现成功的愿望，所以不思进取，甚至消极懒散。结果，贻误了青春，耗费了光阴，在关键时候，纵然有贵人相助，也因为能力不足而无法达到成功的愿望。

张先生是某大学科技公司的总经理，不仅具有令同龄人羡慕的博士学位和正高级职称，还具有非常强的工作能力，并且有着非凡的业绩。学校 5000 名教职工每人每年平均 4000 元的奖金中，有一半是张先生的功劳。从当初只有 4 个人、3 万元资金的小企业发展到如今拥有 1000 名职工、3000 万元固定资产的有限公司，其中的酸甜苦辣只有张先生和他的助手们知道。但令他和他的助手们不能忍受

109

的是张先生的大学同学——学校的沈副校长,这位张先生在大学时就看不起的溜须拍马者,竟然成为他的直接领导——学校主管产业和科技工作的副校长。虽然没有什么业绩,但却把学校的创收业绩都归功于他的领导有方。张先生自恃能力出色,且加上身后还有一些贵人相助,所以,逢人就讲沈副校长的无能和无德。但沈副校长在表面上对张先生还是非常的客气。直到有一年的全省财税物价大检查,上级检查部门发现了校办公司有一笔漏税行为,并通知补交税款,这件事本属工作疏忽,性质并不严重。但沈副校长立即借题发挥,在校决策会议上,力述张先生影响了学校的声誉,应该引咎辞职。其他领导虽然很同情张先生,但由于不想得罪沈副校长,加之校办公司的创业工作已初步完成,所以通过了调离张先生任学校其他职务的决议,张先生只好离开了自己辛苦创建起来的校办公司,许多未遂的愿望也只能暂时搁置起来。

我们身处的社会环境比较复杂,如果没有能力,不能处理和协调好人际关系,纵然有良好的社会背景,也只能是白搭,如果一味地自恃有背景而目空一切,最终会导致人生的失败。

有时候,我们生活的这个世界的确需要一些贵人相助,才能找到成功的捷径,但是,切忌不可以为有贵人相助就以为不可一世。须知每个人的前途和事业都是依靠自己打拼获得的,贵人相助仅是人生旅途上的一种点缀,如果自恃有贵人相助而无恐,就会在生活中迷失航向而失去主观奋斗的动力。

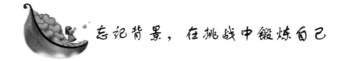

忘记背景,在挑战中锻炼自己

在这个世界上,有一部分人的独立意识特别强,纵然在他们身后有背景相助,他们也不愿意依赖它,相反,倒情愿依靠自己,不依赖背景相助的成功,最能证实自己的能力。

小常以前在国有企业上班,现在企业效益不好,下岗了。小常一没有文凭,二没有合适的关系。在人才市场中,往往第一关就被淘汰。后来，通过朋友小王的介绍，他进入了一家保健品公司。小王在这家保健品公司担任总经理助理，假若小常抱着依赖小王的心态，完全可以在这家公司工作找一个舒服的差事。但是，他不希望依赖别人的相助继续工作下去，当听到公司准备组建一个营销队伍开发西南市场的消息时，他便义无反顾地报了名。当老板与他进行一番深入的交谈后，发现他有着很大的潜力，便同意了他个人的请求，派他一个人去开发西南区的新市场，还不到半年光阴，他便通过自己的努力，在那儿开拓出了一片新的天地，因此，受到公司里上下人员的赞誉，并获得了老板的赏识，委任为西南区营销总经理。

可以说，小常的成功，在很大的程度上来源于他强烈的独立意识，假如他当初继续抱着依赖小王是总经理助理这个背景思想的话，他只能够庸碌地工作下去，根本不会取得后面的突破性成功。因此，可以在这儿肯定地说，小常的选择是对的，他抛开了依赖思想，向别人证明了自己的能力，所以他取得了成功。

小吴和小李是大学的同学。毕业之后，小李独自去广东发展，小吴则在一家外国企业驻京办事处打工。随着这家公司在中国市场的拓展，北京办事处升级为公司，并计划在广州建立办事处。小吴将这个消息告诉了小李，小李也认为这是一个重要的发展机会，决定加盟这家企业。在小吴的帮助下，小李顺利地成为这家公司广州办事处的主管。但是，他在内心深处不断的告诫自己："依赖背景相助只能是一种暂时的过渡，主要的还是靠自己。"所以，当小李成为这家公司广州办事处的主管后，不断地拓展业务空间。同时，通过各种方式来努力扩大自己的客户群。一年后，经过努力，他被委任为广州办事处的副经理。

在人生的某一个阶段，的确需要背景相助才能完成事业上的跳跃，但是，我们必须明白，依赖背景相助仅仅是一种暂时的过渡，要想实现自己事业上真正的成功，主要的还是靠自己。

想要做一名真正出人头地的人，就应该认清现实环境，真正地抛开身后背景的相助，投身到激烈的社会竞争中，这样，就会不断地磨炼出自己进取的勇气和非凡的才能，并开拓出一片属于自己的事业。

111

有一位名叫戴尔的美国年轻人，有着良好的社会背景和家庭条件，但是，他下定决心抛开自己身后背景的相助，依靠自己开创出一片新的天地。所以，他在跨入大学校门之后，便开始利用空暇时间创立电脑公司。如今的"戴尔"电脑，成了全世界著名的一个电脑品牌。

在人生奋斗的过程中，有背景相助并不一定要依赖它，这样，才会树立和培养起自己正确的竞争意识。

第七章　脆弱不幸不要紧，坚强生存最重要

　　现实生活中，有多少人能做到在逆境中、在不幸里
保有一颗坚强的心，永不言放弃、无所畏惧地前行？

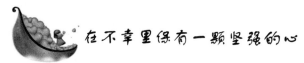在不幸里保有一颗坚强的心

"自古纨绔少伟男。"古人说的这句话一点儿没错。许多活生生的例子讲述着不幸的人生崭放出的灿烂花朵。而在现实生活中，有多少人能做到在逆境中、在不幸里保有一颗坚强的心，永不言放弃、无所畏惧地前行？

越是不幸，越要坚强。这是因为，不幸已经让我们的生存环境变得恶劣，唯有坚强才能自我救赎。除了坚强，我们无路可走。

人生不可能一帆风顺，再有先见之明的人也不能预知自己的明天会如何，有可能是坦途，但也有可能遇上风浪。当不幸来临时，我们必须勇敢坚强地掌握好自己的人生之舵、大无畏地与命运搏斗，才有可能取得胜利，如果提前放弃，就没有一丝获胜的可能。

小强从小就很聪明，上学以后学习一直很好，但后来由于一次事故，小强变成了聋哑儿童，中途转学到了聋哑学校。

环境的突然变化让小强十分难以接受，但是小强很快便冷静下来，认清了现实，知道在聋哑学校的学习将会是自己未来几年的主旋律，于是不再跟父母闹情绪，而是认真地学起了课程。

因为是从中途开始学哑语，不是从小就接触，小强必须要先克服很多困难。同时，在老师的鼓励下，小强积极进行康复练习，将洗干净的小石子放进嘴里练习说话。如今的小强已经可以说不少话，与正常人交流基本没有困难，老师们都认为这是个奇迹。

越是遇到不幸，人本性中的坚强反而越容易被激发出来。人往往不知道自己的底限在哪里，有时候回头看看，突然发现自己已经咬着牙前行了好久。尤其是当不幸当前，我们不是需要坚强，而是必须坚强。

伟人之所以能够成为伟人，是因为他们经历了比普通人更多和更大的失败。每个人都是自己命运的主宰，然而却少有人愿意在无边无垠的痛苦中坚持。

114

有一位年轻人自小失去了父亲，与母亲相依为命地长大。自 20 岁那年起，他开始参加环法自行车比赛，但是一直成绩平平。

24 岁那年，他被诊断出患有癌症，癌细胞的扩散已经严重地危及到他的生命，即使拼尽全力去治疗，也只有 20% 的痊愈希望，这 20% 的希望支撑着他挺过了治疗和一年的停赛休养。17 个月过去了，这个小伙子以惊人的毅力重返了赛场，从此，他在比赛上的成绩好得一发不可收拾，自 1999 年到 2004 年，他连续多年获得环法自行车比赛的冠军，他的名字叫做兰斯·阿姆斯特朗。

曾经几乎被医生判了死刑、在手术台上与死神擦肩而过的普通人却成了历史上最优秀的职业自行车选手。不幸没有将其打倒，反而使他更加坚强。

不幸并不会致命，致命的是失去信心和勇气。在不幸中，唯有坚强可以挽救自己的生命。不要没有输给命运，反而输给了自己。生命是脆弱的，也许它侥幸躲过了不幸的伤害，但若是从内部展开的自我放弃的伤害，它一定躲不过。

不幸的天空下依然有阳光。躺在病床上时，从滴液的针管里看到生命之源的流淌，从旁人的微笑中看到窗外的阳光，从临床小姑娘的眼睛里看到生命的希望；生意惨败时，从家人的默默支持中看到温暖和动力，从伙伴们的不离不弃中看到继续奋斗的资本，从对手的成功经历看到可以学习的经验。

无论是什么样的不幸，我们都能从它的身上汲取到阳光，尽管它们是那么少、那么微弱，但足以照亮我们的生命。

如果你遭遇了不幸，同时被不幸打倒，懦弱地不肯爬起来，那么谁都帮不了你！你自己都不坚强，就算家人朋友将你拖起来又怎样？他们一走开，你还是会自己软下去。

坚强一些吧，人生是需要自己负责的。父母养你到成人，妻子与你相扶持，儿女还嗷嗷待哺，如果你还不坚强，谁都帮不了你。

相信不幸只是暂时的，终将付诸东流，而明天会伴着朝阳一同到来。既然时光都在轰轰烈烈地朝前走，你何必还将自己埋在不幸里、活在昨天里？让不幸的事情过去吧，未来还需要你去创造。

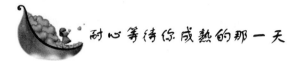

耐心等待你成熟的那一天

"冬天来了，春天还会远吗？"一句妇孺皆知的名言，多少年来给了多少人以等待的勇气。它教人们再耐心一点儿、再等一等，凛冽的北风很快就会过去，河岸的杨柳很快就会吐芽。

人生也是一样。也许此刻你正经历严冬，千里冰封，万里雪飘，你瑟瑟发抖，不敢奢望未来会从哪个方向向你投来春晖。如果你能够再多一点儿耐心，多一点儿坚韧，你怎么知道冰雪覆盖下的不是明年的春绿？春天也许会姗姗来迟，但迟早会到。

时间总是冷酷的，你催它，它也不会走快，你着急时，它也不会放慢脚步。很多时候，我们唯一能做的就是耐心等待。如果你现在还没有足够的能力去迎接成功，那就只能等待你能力成熟的那一天到来。

在日本民间有一个流传了千年的故事。有两个老实巴交的渔民，一个叫阿呆，一个叫阿土，两个人同样做着一朝成为百万富翁的梦。

有一天晚上，阿呆做了一个奇怪的梦，梦见在小渔村对面的荒岛上有一个寺庙，庙里面种着 49 棵株模，其中一棵开着鲜艳红花的株模下埋着满满一坛黄金。

阿呆第二天就划着小船去了对岸的荒岛，果然在岛上找到了一座寺庙，也见到了那 49 棵株模，阿呆满心欢喜，眼看现在已经是秋天，就只有等来年春天株模开花的时候了，于是就住了下来。

谁知道，春风一吹，株模开花，清一色的淡黄色，没有一株是红色的。阿呆问庙里的僧人，他们都告诉他从来没有一棵株模开过红色的花。阿呆长吁短叹着离开了小岛，白白浪费了半年的等待光阴。

阿呆回去后，对村里的人说了这件事，阿土觉得那棵红色的花一定是存在的，于是也驾船出海了。等阿土到小岛上时也是秋天，便住了下来，庙里的僧人告诉他不用等了，没有一棵株模是开红花

的，阿土并不以为然，还是愿意坚持等待。

春天又来了，在淡黄色的株模花中，有一棵骄傲地吐出了红艳艳的花蕾，阿土高兴极了，沿着那棵株模向下挖，果然挖到了黄金，从此变成了小渔村里最富有的人。

阿土的耐心等待等出了奇迹，而阿呆则忘了把自己的梦想带入第二年的春天，于是两个人的命运被改写了。

相信梦想并执著地等待，下一个春天总会带给你奇迹和惊喜。我们为阿呆遗憾，也为阿土高兴。在现实生活中，有多少"阿呆"错过了自己的梦想，而有多少"阿土"愿意付出更多的忍耐和等候，终于与自己的梦想撞了个满怀。

等待虽然令人痛苦，让人觉得无从忍耐，但若是坚定了信念，相信自己的梦想正在尽头，那么再痛苦的忍耐也可能变为享受。让忍耐升级为享受的人，正是你自己。

春天是美好的，值得我们付出一切去见证。在等待中，更要看清形势、争取机会。如果春天就在眼前，一定要想尽一切办法抓住机遇。

有一位中国留学生初到加拿大，希望可以通过打工来赚钱完成学业。刚开始，他只是骑着一辆破旧的自行车到处找工作，帮人放羊、收庄稼、割草……什么重活、累活他都干过，那段日子真是他生命中严酷的冬天。

有一天，他正在唐人街的一家中式餐馆帮人洗碗，偶然在报纸上看到了一则招聘启事，这是一则来自加拿大电讯公司的招聘启事，招收数名线路监控员，年薪为 3.5 万加元，年轻人意识到自己留学生涯中的春天到了，他下定决心一定要拿下这个职位。

这位年轻人本身就很有能力，果然，他在面试中一路过五关斩六将，眼看就要签订最终的协议了，招聘主管却出人意料地问他："你有车吗？会开车吗？"原来这份工作需要时常外出查看线路，如果没有车，简直没法做。

他初来乍到，手头又紧，怎么可能已经买车了呢？然而他深知这份工作机会不能错过，于是毫不犹豫地脱口而出："好吧！"

主管与他签订了协议，最后告诉他："4 天后开车来上班！"

117

4 天，对于一个没有车也没学过开车的人来说实在是太短了，但是话已出口，由不得他收回，于是，第二天他先去一位朋友那里借了 500 加元，在二手车市场买了一辆勉强可以开出门的甲壳虫，开始了他 3 天的学车生涯。

第一天，他向朋友请教了一些简单的驾驶技术；第二天，他在朋友家的草坪上练习开车；第三天，他开着车歪歪扭扭地上了大马路。就在主管说的 4 天后，他开着车去公司报了到。如今，这个中国留学生已经做到了加拿大电讯公司的业务主管。

如果没有当时的毫不犹豫，恐怕这份影响这位中国留学生一生的事业就要溜走。他正是凭借超凡的勇气，勇敢地把握住了人生的春天。

有时候，成功喜欢与人捉迷藏，你越是寻它，它越不肯出现，用姗姗来迟来考验人的耐心。在等待成功或者寻找成功的路上，我们必须多一点儿耐心。也许就是因为你多等了一秒钟，巨大的危机转变为了转机；也许因为你多回头看了一眼，便发现了从前未曾发现过的新的路径；也许因为你多抱了一点儿希望，奇迹居然真的出现了。

多一点儿耐心，是给自己和获取成功的双重机会，成功往往就会出现在你多等的那一秒里。你拐个弯，成功就会到来。

等待春天，就是要给自己坚定的信念。如果连你自己对是否有春天都抱着怀疑的态度，那么谁都不会相信你能等来春天。相信春天总会到来，是要对自己的未来感到有信心，相信命运不会一直这么不公平。只要你愿意相信，命运总会对你露出笑脸。

信念是一个人获得成功的第一要素。抱定信念、咬定青山，全世界都会为你让路，全世界都会帮助你实现梦想。梦想是建立在自己充分相信的基础上的。

如果命运是可悲的，生活是不幸的，那么生命就会在无望中度过，就像一支在风中等待生命结束的残烛，可悲可叹。人要把握自己的生命永远都不算晚，即使遭遇不公的命运，仍然可以自己为自己培植希望。

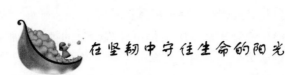

在坚韧中守住生命的阳光

人生苦短，很多人难耐命运的折磨，早早地收场下台，熄灭了自己生命的烛光，这是多么可悲的事情？还有什么比让自己的生命散发出光和热更重要、更让人自豪的？

命运也许并不公平，但是我们要对自己的生命负责，在坚韧中守住生命的阳光。

英国前首相温斯顿·丘吉尔是 20 世纪最为著名、最有影响力的政治家之一。丘吉尔出身于贵族家庭，父亲是一位杰出的政治家，母亲是美国一位百万富翁的女儿，从小家教良好，父辈的荣耀对丘吉尔的成长起到了十分重要的影响。

在父母的熏陶下，丘吉尔年纪轻轻就在政治上颇有建树，不仅做了高官，还大有作为，得到了皇室的倚重。但是，当时的丘吉尔毕竟年纪尚轻，办事欠缺分寸，得罪了不少达官贵人，甚至在工作中犯了重大错误，不得不自动请辞。

丘吉尔下野以后，他的政治敌人就开始四处散播谣言："丘吉尔的政治生命到头了，真是自作孽，不可活！"当时的英国社会没有多少人想到日后丘吉尔居然还会东山再起。

丘吉尔没有在意，而是全心休整自己，在其后的 10 年时间里，丘吉尔阅读了大量的书籍，著有 26 部著作。在这些著作的写作过程中，丘吉尔加入了自己的深入思考，几乎每一本书在出版后都会获得无数好评，在世界各地被翻译成各种版本并引起轰动和抢购。1953 年，丘吉尔被授予诺贝尔文学奖，这是诺贝尔文学奖历史上少有的颁给政治家的文学奖项。

《泰晤士报》断言："20 世纪的作家中恐怕没有人会比丘吉尔拿到更多的稿费。"

丘吉尔凭借自身的积极沉淀和积累，终于在英国处于危急关头时重回政治舞台，带领着英国人民取得了反法西斯战争的伟大胜利。

如果当时在政治舞台上的跌跤彻底击垮了丘吉尔，那就没有后来他的努力自我提升，没有后来的国民英雄。

如果在漫长的命运之旅中不得不面临命运的挑战，那就坚强地接招吧，如果能多付出一些、多等待一些、多坚持一些，生命总会重新绽放阳光的。

成功是指取得了最后的胜利，而不是一路从没遇到过挫折。打了胜仗是赢得了整场战争，而不是赢得了每一场战斗。在通往成功的路上，我们不怕遭遇挫折，怕的是在挫折中抗不过打击、守不住生命的阳光。

遭遇失败时，有人说："我努力过了，但十分不幸，我失败了。"这种人并不理解失败的意义，失败不是终点，失败只是考验我们的一道题目。在失败后凭借坚忍的意志继续追寻，成功就会循着你努力的痕迹一路赶来与你相遇。

有一群登山者相约去爬珠穆朗玛峰，中途遇到了暴风雪，所有的人都被困在了海拔大约3000米高之处，有经验丰富的队员认为大家应该赶紧下山，但是眼看天就要黑了，如果就这么走下去，走到半夜也走不到山脚。

在大多数人的坚持下，一队人在暴风雪的嘶吼中驻扎了下来，并发出信号请求救援。不幸的是，这时候，有位队员被飞石击中了腿部，一时血流不止，众人无论如何也止不住他伤口的血。这时一位体魄强健的队员说："我背他下山吧，总不能在这里等死！"于是他不顾众人的劝阻，义无反顾地背起伤员就往山下冲。

第二天，救援队员在快到山脚的地方遇到了伤员和背他下山的队员，两人虽然疲惫不堪，但气息尚存，仍在不断地往下一步步地爬着，医护人员马上对他们进行了救护。

后来得到消息，山上的那一队登山者全部都在暴风雪中冻死了。

在这种天气条件下，生命是难以存活的。为什么那位伤员和背他下山的队员反而活下来了呢？医务人员检查后发现，因为他们一晚上从没有停止过高强度的运动，对生的强烈的渴望让他们奇迹般地活了下来。

在坚韧的意志力的作用下，人生可以得以延长，成功也可以得

对自己说不要紧

到扩散。只要你愿意守住生命的阳光，就没有什么可以压倒你的希望。

坚韧的意志力能够挽救绝境中的生命。你不坚韧，就算别人想伸手救你，你却没有力气抓住救命的手，又有何用？所以，还不如自己先练成坚忍的意志、锻炼与命运抗争的勇气，在绝境中自我拯救，强过在别人的帮助下苟延残喘。

坚韧就是你进行自我挽救的那根稻草。如果没有这根稻草，你恐怕无法享受未来生命中的成功，甚至可能连明天的太阳都看不到，便早早溺死在悲哀的厄运里。

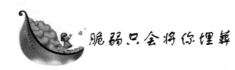 脆弱只会将你埋葬

脆弱是人在经历失败后最无能的表现。人生不会一帆风顺，遭遇失败就脆弱得不堪一击的人，永远不能获得最后的成功。因为即使获得了成功，他们也守不住，让更好的机会白白溜走。脆弱只会将你埋葬，在通往成功的路上，脆弱的人寸步难行。

将一个铁笼子一分为二，中间用一道门相连接，把一些狗赶进笼子，在一边通电，感受到疼痛的狗会马上跳到笼子的另一边去。而在另一边通电时，狗又会跑回到这边。

然而，如果事先将狗绑在一根铁柱子上，对其进行电击实验，狗一开始会挣扎，但发现挣脱不了就放弃了反抗，只会不住声地低声哀鸣。

这时候，将受过电击的狗装进笼子，对笼子进行电击，发现这些狗没有一条会往另一边跑，它们已经习惯了不去反抗，即使有一道门通往不会受到电击的另一半笼子，它们也不会选择逃过去。

这个实验说明，如果人持续遭受失败，很有可能变得心理脆弱而放弃反抗，任由失败将自己吞没。

其实，所谓的失败不过是一种感觉，由于总是达不到自己的期望值而觉得未来无望，产生了深深的挫败感，心理变得脆弱。实际

上；失败只是通往成功的一个阶段，本来没有失败，失败只存在于失败者的头脑中。

失败不可怕，但由失败导致的脆弱的意志却最容易将人击垮。一旦人自认为遭受了失败，承受不住心灵的煎熬时，意志力就会涣散，最终萎靡不振、自毁前途。

这个世界上有两种人，一种人是"屡战屡败"，终点止于"败"；而另一种人"屡败屡战"，失败阻拦不了他们继续战斗的意志。前一种人极有可能被脆弱击垮，而后一种人却永不知道脆弱为何物。

有这样一个寓言故事。

两只青蛙为了觅食，不小心掉进了路边的一只牛奶罐。牛奶罐里还有一些牛奶，正好会淹没青蛙小小的个头。而罐底离罐口又很远，凭它们的能力是跳不上去的。

其中一只青蛙心想，这下可完了，我要死在这里边了。这么高的牛奶罐，我怎么可能跳出去呢？还没想太多，它已经沉了下去。

而另一只青蛙的想法则与第一只大相径庭，它想，我有发达的肌肉，又有坚强的意志，我相信自己一定能跳出去，加油！

于是，它在自我鼓励中不断地尝试往外跳，一次、两次、三次，它凭借自身的力量与命运作着斗争。疲惫并没有阻止它求生的希望，它不断地起跳，不断地重来。

突然，跳着跳着，它觉得脚下正在越来越高、越来越软。原来，牛奶在被它不断地搅动和踩实的过程中慢慢地变成了奶酪，它离罐口越来越近了。

终于，它在奋力一跃之后又见到外面的广阔风景，重获了自由，又回到了美丽的池塘中。而那位脆弱的朋友却被自己脆弱的意志给埋葬了。

失败只是过程，永远不会是结果，除非你把它当作自己人生的结果，不要让中途的脆弱意志把自己与成功永远相隔。脆弱就像一根针，将人的信心之气球扎漏，让信心一点点地慢慢丧失，从而无法与成功结缘。

脆弱的心灵本就不值得可怜。若一个人已经将自己放弃了，别

对自己说不要紧

人再怎么帮助他也不可能使其重拾信心。脆弱的人看上去可怜兮兮，但实际上，可怜他毫无意义。

对脆弱的人，一旦施以怜悯之心，他们就会像藤蔓一样缠住你，使你无法脱身。因为脆弱是没有根的，当他们找到依附时就会将全部的生命都贴上去。因此，脆弱的人经不起可怜。

当遭遇变故或者大的不幸时，正常人可能都避免不了会产生脆弱的情绪。我们必须学会自我鼓励，挽救自己脱离脆弱的消极影响。

自我鼓励的方法有很多，最简单的就是去找一些让自己积极和兴奋的事物，替代那些让自己感到烦扰的事。只有将自己成功地从脆弱的情绪中解救出来，才可能遇到成功。否则，任由脆弱支配自己的身体，稍有一点儿小风小雨就能把自己击垮。

当我们遭遇不幸或者挫折，正好利用它们来磨炼自己的顽强意志。不要将挫折视作猛虎，也许它们是我们人生路上的向导，上帝安排它们到我们的生命里是为了引领我们走向下一段美好的人生。

利用挫折对自己的折磨锻炼自己应对挫折的能力和勇气，这是不可多得的时机。在顺境中时，很少有人会专门去创造困难磨砺自己，所以不妨借助上天安排的挫折来借机让自己变得更加完美。

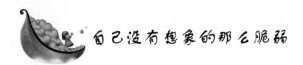

自己没有想象的那么脆弱

不彻底受一次伤，永远不知道自己有那么强的忍耐力。当你觉得苦时，才发现自己已经咬着牙走了许久，很多以前你认为自己不可能承受的痛苦，现在居然都能熬过去，原来自己没有自己想象的那么脆弱。

试试自己的忍耐极限在哪里，有利于以后面临挫折时心里有数、知道自己几斤几两。所谓"知己知彼，百战不殆"。在摸清对手的招数前，我们首先要清楚自己的底限，这样才能占据更多的胜算。

有位年轻人来向苏格拉底请教成功的办法，苏格拉底听完他的诉说，一言不发地把他带到了河边。年轻人正纳闷苏格拉底是什么

123

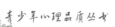

意思，突然感觉背后一只手把自己推到了河里。

刚开始，年轻人还以为苏格拉底在跟自己开玩笑，可是当他把头露出水面时，发现苏格拉底自己也跳进了河里，然后就感觉他拽着自己的头发把整个人往水底按。

年轻人这才慌了神，赶忙拼尽全力挣脱苏格拉底，气喘吁吁地爬上了岸，大声质问苏格拉底为什么要这么做。

苏格拉底跟在他身后也爬上了岸，一边拧着自己的湿衣服一边说："为了告诉你，要想获得成功，就必须要有绝处求生的信念和力量，否则成功不会轻易到来。"

以绝处求生的信念去追逐成功，才能无往而不胜，这就是绝境中磨炼出的超乎常人的意志力，如果没有在困境中的磨炼，我们的承受力将难以承担成功之路上遍布的荆棘和负累。因此，困境是上天赐给我们的礼物，它先给我们试验和打磨的机会，再把我们扔上擂台。这样说来，这场比赛其实还算公平。

一位一生都在大海上搏击风浪的老船长有一次被人问道："如果您的船正行驶在风平浪静的海面上，突然通过天气预报得知就在前方不远的海面上有一个暴风中心正急速向着您的船移动。请问，这时候您会如何掌舵？"

老船长没有马上回答，而是反问年轻人："如果换做你是船长，你会怎么办呢？"年轻人想了想，说："我应该会马上调转船头，向着暴风移动过来的反方向逃命。远离暴风中心，这是谁都知道的最安全的办法啊！"

老船长却摇了摇头表示反对："这样不行，我们的船无论如何也比不过暴风的速度，这样等暴风追上你时，反而延长了与你接触的时间，会让船受到更大的伤害。"

"那如果是将船头调转90°，成直角躲开暴风的势力范围呢？"年轻人着急地问道。

船长还是摇头："这样更不行，海上的龙卷风势力范围很大，你将船头调转90°，正好导致龙卷风追上你的时候与你整个船身侧面相接触，增加了接触面积，损失更大。"

"那怎么办？"年轻人觉得无计可施了。

老船长坚定地说："只有一个办法，就是抓稳舵，直直地向着暴风冲去，只有这样才能争取与暴风最短时间、最小面积的接触。当你冲过去，才会发现很快就离开了暴风的势力范围，你前面又是一片湛蓝的天空了。"

看似最危险的做法其实是最安全的做法，这就是老船长在多年的航海经验中总结出来的困境经验。在困境中，我们必须逼迫自己去尝试各种新的机会，挖掘自己最大的潜力，锻炼更加强悍的承受能力。

综观古往今来，在各个领域取得突出成就的人，无不是在最孤苦无助的时候发现了开辟新天地的良方，最终取得了成功。人的潜能只有在被逼到绝境时才会得以充分地体现。

人的潜能是无限的，人类永远挖掘不完自身的潜能。但是如果不去挖掘，很可能都不知道还有某一部分的潜能。很多人都是在陪朋友去练歌房唱过歌之后，才知道自己的音色那么动听；在过生日时收到了一个篮球的生日礼物，偶尔去打了一场，才知道自己在篮球场上表现得不错；在父母的强烈建议下去了一次健身房，才知道自己的运动天分还不错。

不去尝试，永远不会发掘出自己的潜能。所以，勇敢地去尝试、去挖掘，当你发现自己从来不知道的才能时，会感觉无比兴奋和激动。

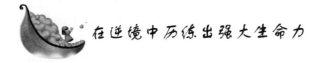

在逆境中历练出强大生命力

在逆境中，你可以选择坚持。对于坚持的人来说，逆境反而会成为帮助自己历练生命的工具。

1954 年，当巴西举国上下在激动中等待着巴西足球队再一次捧回世界杯的冠军奖杯时，巴西队却出人意料地在半决赛即输给了法国，意外的出局让巴西队的球员们悲痛又自责。足球是巴西的国魂，世界杯的冠军奖杯是全国男女老少共同期待的礼物，如今他们却让

第七章　脆弱不幸不要紧，坚强生存最重要

国人大失所望，如何还有脸回去见江东父老？

在飞机上，球员们做好了迎接球迷们的嘲笑、臭鸡蛋和可乐罐的准备。飞机飞到巴西领空，球员们一个个都如坐针毡、焦躁不安。

然而，当飞机降落后，球员们走出舱门，看到的情景却完全是另一番模样：巴西总统带着两万多名球迷一同默默地在机场迎接他们，条幅在人群中迎风招展："失败了也要昂首挺胸！""一切都会过去！"

球员们顿时热泪盈眶，他们没想到，在逆境中还有这些球迷们的支持，他们也不负众望，在 4 年后的又一届世界杯上如愿捧回了金光灿灿的奖杯，给了国人一个交代。

在逆境的考验下，只有坚持下去，才能不断强壮自我，为迎接下一次挑战而做好准备。如果没有坚持下去的勇气，那么逆境就只能是逆境，没有转化为顺境的可能。

在逆境中，哪怕你只看到有万分之一的成功的希望，也要咬紧牙关坚持下去。只有坚持，让自己的生命力更强大，人生才会充满希望。否则，掐灭希望的灯盏，暗掉的也是自己的人生，可悲又可叹。明明有出路，却被自己堵死了。

成功者与普通人的区别在于，成功的人习惯不断去追寻，循着一点点希望的光，一定要找到源头，找出满世界的阳光，于是人生就会产生戏剧性的变化。

在居里夫人发现镭之前，法国物理学家贝克勒尔曾经发表过一篇学术报告，在其中详细地介绍了一种铀元素。他在报告中写道，铀及其化合物可以发出射线，这种射线是人眼看不到的，但是可以透过黑纸使相纸底片感光。由于当时的科学界普遍认为原子是物质的最小单元，原子不可分割、不可改变，于是贝克勒尔就顺理成章地认为这种放射只是一种自然现象，并不存在什么新的元素。

居里夫人却从中看到了不同的希望，她觉得这其中有以传统的理论解释不通的地方，这说明一定还有新的物质存在，于是决心揭开这个科学奥秘。时隔一年，居里夫人将对放射性物质的研究作为了自己的研究课题，并成功发现了放射性元素镭，这是近代科学史上最重要的发现之一，奠定了放射化学的基础，居里夫人的名字也

因此被全人类铭记。

居里夫人自己有句名言，恰好可以概括她的成功之路："弱者等待时机，强者创造时机，智者不错过时机。"

在通往失败的路上，到处都是错失的机会。你不抓住机会去摆脱困境，困境也不会自己摆脱你。不要一直等着机遇从前门进来，也要常常留心它有没有经过你的后窗。

成功与失败之间只有一颗心的距离，你愿意用心去经营、去全力摆脱困境，在困境中历练自己的生命力，就离成功不远了。

我们常常在逆境中被动地反抗或者直接臣服，懒得主动去接受逆境的挑战，更不用说珍惜体验逆境的机会了。人生不可能一路顺风，但也不可能总是走不出逆境的泥潭。逆境的存在让我们得以检验自己的承受能力，在逆境中历练更加成熟稳健的性格。因此，从一定意义上来说，逆境对我们来说是有着积极的意义的，我们不仅不应该一味逃避，反而应该迎头接战，珍惜难得的逆境遭遇。

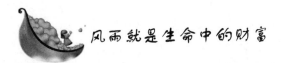

风雨就是生命中的财富

没有任何一株幼苗不经历风雨便可长成为参天大树。风雨犹如我们成长路上必经的坎坷，我们必须首先去接受，然后"享受"。风雨就是你生命中的财富，何不尽情享受其中？待风雨过后，你会发现天空更加清澈了、彩虹更加绚烂了、自己更加成熟了。

从前有一位老渔夫因为高超的捕鱼技术而深为渔民们爱戴，渔民们亲切地称呼他为"渔王"。然而，渔王也有自己的苦恼，他有3个儿子，却没有一个能学到他的捕鱼技术。老渔夫见人就埋怨："我这几个儿子怎么都这么笨？我空有一身的好技术，传给他们也学不会！"

一位路人问他："您都是怎么教您的儿子的？"

老渔夫说："在他们小的时候，我就带着他们出海捕鱼，从最基本的方法开始教：怎么织网才能捕捉到大鱼、在什么样的地方撒网，鱼会比较容易入网、怎么划船才不会惊动了鱼来吸食诱饵、什么样的鱼喜欢什么样的环境……凡是我这么多年总结出来的经验，我都一一地传授给他们了。可是他们呢？却一点儿都不争气，一个比一个笨，没有一个能学到我的1/10。他们的技术恐怕都比不上我们村里一个普普通通的渔民！"老渔夫越说越生气。

路人问："您是一直手把手地教他们的吗？"

老渔夫答："当然是了。他们是我的亲生儿子，我当然十分用心、手把手地教了，哪怕是在捕鱼时我都从来没有那么用心过！"

"他们一直跟在您身边吗？"路人问。老渔夫点了点头。

路人说："这就是问题的根源了，您只是传授了经验，却不给他们单独捕鱼、品尝失败和教训的机会。没有亲身体验教训，他们根本还不会捕鱼。"

教训对于获取成功来讲，与经验一样重要。没有经历过失败，就难以驾驭成功。我们可以从别人的成功那里获取经验，但却无法从别人身上真切地体会教训。只有亲身经历过失败才知道下次不能再走这条路，只有亲身经历过风雨，才会知道下次要躲开什么样的云彩。亲身经历与看别人的经历，效果大为不同。

鲍尔年纪轻轻就当上了IBM公司的高级管理人员，公司十分看重他，也乐意培养他，但是在他刚刚走马上任不久，就因为一次冒险的投资而导致公司损失了上百万美元。

托马斯·沃森——IBM的创办者把这个年轻人叫进自己的办公室，还没开口说话，年轻人就抢先开门见山："我想您一定是要叫我写辞职申请吧？"

沃森哈哈大笑着说："你不是认真的吧？公司可是刚刚为你交了数百万美元的学费，这时候走可有点儿不厚道哦！"

是的，在成功的道路上，挫折和风雨不可避免。既然已经发生了，那就往前看，就当交了学费，把教训总结出来，对得起所交的学费才是理智的做法。

一位老板也是如此鼓励自己的员工的："我希望你们都放开手脚，大胆地去冒险。目前我们的公司中没有一位高级管理人员从没犯过错误，包括我自己。我们或多或少都要为某项产品研发过程中

对自己说不要紧

的失败而负责。但是，只有经历了这些错误，我们才能成长。没有这些错误，就没有我们的公司，没有一个人不摔跤就能学会滑雪。"

在风雨飘摇中，我们得以成长和成熟。风雨给了我们历练的机会，也给了我们经验和教训，是风雨在背后推着我们前进。

有风雨，生命才会精彩，经历过风雨，生命才会成熟。我们要感谢生命中的这一次次风雨，让我们在风雨兼程中得到了磨炼，让我们的生命更加成熟。如果没有你高二那年的那一场风雨，可能你就不会在病痛中坚持学习，但也不能体会到带着病痛考取大学的自豪；如果没有你大三那年的那场风雨，可能你就不会知道失去一份感情是那么痛苦，但也不会在遇到下一场感情时那么珍惜；如果没有你工作第二年的那一场风雨，可能你就不会知道工作失误的痛苦，但你也不能学到在工作中要如何提高效率、保证绩效。

你要感谢生命中那么多的风风雨雨，它们曾经浇湿你，也让你知道应该在天晴时带一把雨伞，让你懂得永远要未雨绸缪，不要等到被淋成落汤鸡才知道后悔。

风雨存在的意义是教你学会看气象、学会看哪片云彩会下雨。当事情开始往坏的方向转变时，及时觉察、赶紧转舵，避免人生走弯路，这些都是那些风雨教给你的。在风雨中，积累的经验越多，就能对你的以后起到越大的作用。经历过风雨就会记住哪一片云彩会下雨、哪一片云彩只是虚张声势，很快就会被风吹走。

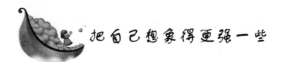

把自己想象得更强一些

虽然我们不能选择生活中会发生什么事情，但是我们可以选择如何面对生活，自信的人会有成功的方法，相信自己一定可以更强一些。

在困难与挫折面前，心理上的强大比身体上的强大更有用。很多时候，我们不是被困难绊倒了，而是被自己束缚住了手脚，不给自己放手一搏的机会。其实一切困难都是"纸老虎"，只要你勇敢出击；你就将发现它原来是不堪一击的。所以，我们不妨把自己想象得更强一些，在战略上藐视，但在战术上重视，抱着这种心态去和困难较量，我们才有战胜困难的机会。

艺人摩洛的非凡成就来自两次成功的拼搏，一次在 20 岁，另一次在 32 岁。

摩洛是个天才，他的才华从少年时代就得到了充分的展示。又由于家人都喜好音乐和喜剧，在家庭环境的熏陶和影响下，几乎所有乐器他都能演奏。不到 10 岁时，他就指挥过交响乐团；12 岁时，从事鸡蛋专卖，做得有声有色，雇有 16 名少年为他工作；到了 14 岁，独立组织了一个舞蹈团；高中毕业后，又投身新闻界担任记者，与许多新闻界老前辈如班·希特、查尔斯、马卡沙等人一起工作；19 岁时，他曾获音乐奖学金，但由于举家搬至纽约，不得不放弃此次进修机会。

到纽约后，他在广告公司找到一份每周 14 美元的工作。对于当时的情景，摩洛回忆说："那时我几乎天天跑外勤，十分忙碌，感觉时间过得特别快。6 点下班以后，我还到哥伦比亚大学上夜校，主修广告。有时因为工作尚未完成，所以下课后还要从学校赶回办公室继续工作，常常从夜里 11 点干到凌晨两三点。"

摩洛很喜欢带有创意的设计工作。20 岁时，他放弃在广告公司很有发展的工作，决心自己创业。他的创意主要是说服各大百货公司，通过 CBS 电视公司成为纽约交响乐节目的共同赞助人。摩洛认为这是十分可行的：一方面，当时的百货公司效益普遍不好，都希望能借助广告媒体提高公司形象与销售业绩；另一方面，在纽约，交响乐节目的听众多达 1007 人，十分值得投资。于是，摩洛决定在两者之间架起一座桥梁，为彼此牵线搭桥。

但新生事物在诞生之初，通常是很难被人认可和接受的。由于这种性质的工作对人们来说相当陌生。摩洛干起来遇到了很大的困难。而且，同时说服许多家独立的百货公司，分别采纳各公司的意见加以整合，这种事过去从未有人完成过，更别说要他们拿出几百万美元的经费来做广告了。基于这些，许多人都认为他不可能成功。

尽管大家都在说三道四，但摩洛坚信自己的能力，坚持走自己

对自己说不要紧

的路。功夫不负有心人，摩洛后来做得相当成功，他的创意大受欢迎，与许多家百货公司签成合约，同时，他向 CBS 电台提出的策划方案也被接受了。此后的 10 个星期内，他与电视台经理一同展开一系列的广告活动。然而，工作上虽然取得了重大突破，他这段时间却几乎没有拿到任何收入。

眼看计划就要步入最后的成功阶段，谁料由于合约内某些细节未能达成而终告流产，他的梦想也随之破灭了。不过他的名声却从此传播开来。计划流产后，CBS 公司随后聘请他做纽约办事处新设销售业务部门的负责人，并支付他 3 倍于以往的薪水。就这样，摩洛的潜力得以继续发挥，又开始活跃起来。此时，他年方 20 岁。

在 CBS 工作几年后，摩洛再度回到广告界工作。但他这次不是从基层做起，而是直跃龙门——担任了承包华纳影片公司业务的汤普生智囊公司的副总经理。

在那个时候，电视刚刚诞生不久，尚未普及。摩洛对它的发展前景十分看好，认为电视必将快速发展，大有可为，于是致力于这种传播媒体的推广工作。由公司所提供的多样化综艺节目，为 CBS 公司带来空前的成功。这便是摩洛人生中的第二次拼搏。

为此，他再次放弃原来可以平步青云的机会，走入另一个未知的领域。他这次冒险绝非盲目，而是看好市场后才下"赌注"的。

在起初两年里，他只是义务性地在"街上干杯"的节目中帮忙，没想到竟使该节目大受欢迎，直至今日仍是最受欢迎的综艺节目之一。

从 1948 年开始直到今天，它的播映从未间断过。这是在竞争激烈的电视界内非常可喜的。除了节目成功之外，他还被 CBS 公司任命为所有喜剧、戏剧、综艺节目的制作主任。

摩洛就是这样取得创业成功的。他的成功，要归功于他高度自信的性格。我们从中可以领悟到：只有把自己想象更强一些，我们的内在潜力才能更好地发挥出来，才有勇气和动力为既定的目标努力奋斗，从而排除万难，夺取胜利！

第八章　逼到绝境不要紧，挖掘潜能最重要

　　天空不会一直晴朗，阳光不会一直灿烂。生命之树不能常青，总会有老去的一天；生命之旅不会一帆风顺，总会有羁绊出现。

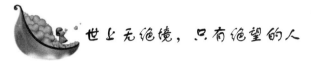

世上无绝境，只有绝望的人

　　天空不会一直晴朗，阳光不会一直灿烂。生命之树不能常青，总会有老去的一天；生命之旅不会一帆风顺，总会有羁绊出现。世上没有绝望的处境，如果你选择在困难面前倒下，那你会越走越艰难，只有用微笑去面对，积极寻找人生的新方向，你才能轻松上路。

　　桑兰，原国家女子体操队队员，1993 年进入国家体操队，1997年在全国体操锦标赛上获得跳马第一名，1998 年代表中国在美国参加国际体操比赛，获得个人跳马第二名。然而桑兰的辉煌之路没有继续，就在 1998 年代表中国参加在纽约市长岛举办的友好运动会上，桑兰遭受了沉重的一击。

　　当桑兰满怀希望，准备摘下金牌的时候，迎来的却是那狠狠的一摔。这一摔，把她的梦想，把她的心都摔碎了。医生宣布，因为脊髓严重挫伤，桑兰很可能从此瘫痪。老天爷就是这么残忍，桑兰真的没有逃脱厄运，她瘫痪了。有人说，作为一名运动员，她已失去了一切，再也没有任何希望了。

　　于几秒间由矫健身手变成瘫痪，桑兰可以选择悲伤，意志消沉地躺在病床上，在亲人的照顾下度日。但是她告诉自己："不行！"她选择了放下悲伤，坦然地接受命运的挑战，继续踏上生命的征程。坚强驱散了心头的阴霾，照亮了前方的路。于是我们看到，桑兰用她的坚强做拐杖，走下了病床，带着微笑，在我们的眼前发亮发光。

　　桑兰每天坚持锻炼、看书，身体恢复得不错。成为申奥形象大使后，桑兰以自己的方式支持申办，虽然她行动不便，但坚持给认识的朋友们写信、打电话，请他们支持北京申奥。就是这个阳光女孩用她的努力和坚强，以"桑兰式微笑"征服了无数世人。

　　这个告别了自己心爱的体操训练场的女孩，始终坚持以自己的方式实现着自己的奥运梦想。她向观众们讲述奥运金牌背后鲜为人知的故事，率直自然的风格和真实的感染力让她赢得了许多观众的认可。

她没有离开着自己喜爱的体育运动，只不过换了一种方式。除了做主持人，桑兰还为香港以及内地20多家媒体的体育专栏撰写评论文章。从训练房到竞技场，从领奖台到演播室，这个年轻的女孩用她的坚强向世人表明，命运并不可怕，只要自己有坚强的信念，敢于忘却面对，就一定能让梦想再次飞扬。

桑兰那种永远积极向上、坚强努力的性格鼓舞了很多人。朋友，别以为胜利的光芒离你很遥远，当你揭开悲伤的黑幕，你会发现一轮火红的太阳正冲着你微笑。请用一秒钟忘记烦恼，用一分钟想想阳光，用一小时大声歌唱，然后，用微笑去谱写人生最美的乐章。

当我们梦想着奔向山顶，去看人生华丽风景的时候，突然被挫折打倒，我们痛苦悲伤。当无穷无尽的黑暗包围我们的时候，当一次次的努力尝试无果的时候，我们要开始反思了，反思自己是否被悲伤压抑得丧失了原本的能力。日本作家中岛薰曾说："认为自己做不到，只是一种错觉。"只有当你放下悲伤，以积极的心态去面对生活的挑战时，你的生命才会有无限的可能。最容易被激发出无限可能的时机，正是我们最沮丧、困顿的时候。绝望的那一刻，往往是希望的开始，只要不沉溺绝境，我们还可以从跌倒的地方再爬起来。

忘记过去的成功与失败，给自己一个全新的开始，我们便会从未来的朝阳里看见另一次成功的契机。别囿于曾经或者眼前的困境，任何时候都要有从头再来的勇气。无论你在人生的哪个时刻，被命运甩进黑暗，都不要悲观、丧气，这时候，你体内沉睡的潜能最容易被激发出来。放下痛苦才能赢得幸福，放下烦恼才能赢得欢乐，放下忧郁才能赢得开朗，放下悲伤我们才能走出阴影。

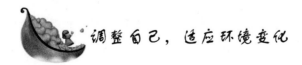

调整自己，适应环境变化

在英伦三岛，有人可能没有听说过莎士比亚，但他肯定听说过"霍布戴尔香肠"。多年前，霍布戴尔先生在曼彻斯特一所小学"工

第八章　逼到绝境不要紧，挖掘潜能最重要

135

作"——负责看门、拖地板、擦黑板、整理桌椅等，报酬是每周 5 英镑，他的工作平凡而又充实。

可是后来，老校长退休，新校长约翰逊上任，为加强管理，他建立了新的考勤制度，要求每个教职工早晚都要在考勤簿上签名。大字不识的霍布戴尔不会签名，只好回家。

失业的霍布戴尔到处求职，但是有谁需要一个不识字的人呢？多次碰壁之后，他想，也许我应该找一份不需要识字的工作。正巧，隔壁卖香肠的琼斯太太去世了，家人工作太忙，准备转让香肠店。霍布戴尔便用自己打工攒下的积蓄，盘下了香肠店，由于他服务热情、童叟无欺，香肠店的生意越做越好。霍布戴尔抓住时机，大做广告，广开分店。

最"疯狂"的时候，霍布戴尔请来了电影公司，将自己的事迹拍成了电影——《一种香肠的诞生》，在英国各家电影院轮回放映，并雇用飞机在空中做广告。很快，"霍布戴尔香肠"就誉满大不列颠，同时也引起了媒体的关注，一位记者采访他时说："霍布戴尔先生，您没有受过教育，但是您获得了成功。您设想一下，如果您会读和写，您将干什么呢？"

"或许还在那所小学校当看门人，一个星期收入 5 英镑。"霍布戴尔笑着回答。

霍布戴尔用自己的亲身经历告诉世人：生活真的很公平，它可以让人意志消沉，也可以让人百炼成钢，关键就看你是怎样的一个人。命运也真的很公平，在关闭一扇命运之门时，上苍必定会为我们留一扇希望之窗。与其死守着那扇紧闭的大门怨天尤人，何不转过身来，尽快找到属于自己的那扇窗呢？

生存没有绝境，走出门去，外面就是一片蓝天。只是有时候，潜力和成功是被逼出来的。所以，遭遇困难和挫折时，我们不应该一味地怨天尤人，因为等待你的，可能是一片更宽广的天地。其中的关键，就在于我们肯不肯"逼迫"自己。适应瞬息万变的外部环境，及时调整自己。

有时候，人生似乎在处处与我们作对，挫折与打击接踵而来。这时，你千万要保持清醒的头脑，而不是一味地埋怨命运的不公。

记住，人生有晴天丽日，也有阴雨绵绵，它不是我们的敌人，但它也不会刻意给你什么照顾。明白这一点，有利于我们保持平和的心态，而平和的心态是向困难挑战的最重要的前提之一。

梅尔·莫卡克比生的理想本来是做一个运动员，可是在他上高中的时候，因为一次意外，他落下了半成身不遂的毛病，从此他的美梦破灭了。在很多个令人伤心的日子里，他都在独自落泪。在这段时间里，他不但要面对惨剧之后对自己心理的调适，还得坚持接受身体的康复治疗。

但是就在这样一段痛苦的日子里，梅尔却领悟到一个至为宝贵的教训：世界上没有哪个人能够保证自己的生活总是一帆风顺，相反的，每个人都随时随地可能碰到一些古怪的、让人无可奈何的事情。如果在碰到这些事情时，人们总是以乐观向上以及幽默的态度面对这些不可预知的事情，那么你生活的航船还是可以找到顺风的方向的。

在这以后，每当梅尔在医院里呆得百无聊赖的时候，就开始画画，让自己的心情愉快起来。有好几次，时间已经是半夜三点，梅尔本已经睡着了，护士却把他叫起来吃安眠药，弄得他哭笑不得。不过他没有埋怨，只是顺手画了一张漫画，讽刺了这件事的荒唐可笑之处。没过多久，医院里所有的护士都知道这里有个会画漫画的病人了，自此之后，梅尔的病房里就总是充满了笑声。

梅尔发现了自己在画漫画方面的才能，他的漫画开始出现在报刊上，从此，他的漫画家生涯开始了。作为对这件事情的纪念，他的第一本书就叫做《医院的幽默》。

每天都提醒自己，人生不是你的敌人。因为这意味着你认为自己的思想是非常有力的，你的世界依旧处在你的控制之下，你有能力改变你的前途。对一个生活的强者来说，今天的所有挫折与困难将会成为明天的财富。

第八章　逼到绝境不要紧，挖掘潜能最重要

137

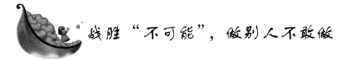
战胜"不可能"，做别人不敢做

跟自己说"没有什么不可能"，只要积极思考，想尽一切办法，付出艰辛的努力去朝着自己的人生目标靠近，而不是找哪怕看似可以原谅的理由，你的意识里就不会产生"不可能"的想法。永远也不要消极地认定什么事情是自己不可能做到的，很多事情不是不可能，而是看你有多大的决心和信心去尝试。

程芷菲大专毕业后进入一家化妆品公司工作，刚刚接受完培训时，公司经理决定找一个富有经验的老员工到另外一个城市去建立一个新的市场拓展点。可是当经理宣布动员令的时候，那些老员工都低下了头，没有人表示愿意去。的确，开拓新市场会遇到很多意想不到的困难，一旦砸了，自己也脱不了责任，谁愿意去做吃力不讨好的事情呢？

就在大家一片沉默的时候，还是新员工的程芷菲举起手说："报告经理，我想去。"别人把目光刷的一下都投向她，好像都在说"老员工都不敢接受的挑战，你刚来几天逞什么能？"经理也有点不相信地说："但是，你……"经理的话还没有说完，程芷菲便抢着说："虽然我是新员工，但是我相信只要我全力以赴，一定能克服困难，顺利完成任务。"

出于对新员工的考验，经理同意了她的要求。下班后，程芷菲听到同事在偷偷议论说："她一个黄毛丫头，翅膀还没长出来，就幻想去飞，真是不知轻重。"程芷菲也有点为自己一时的冲动后悔。回到家中，爸爸妈妈也指责她少不更事，刚去公司，不可能担当如此重任。别人的不信任反倒让程芷菲愈加想尝试，她就不信自己做不好，既然别人认为自己做不到，自己偏要做好给他们看。

经理对程芷菲的胆识很赏识，专门为她制订了一套严谨的工作方案，并在后方提供咨询服务。经过将近半年的艰苦奋战，程芷菲终于在那个城市建起了一个稳定的市场拓展点，而且规模不断扩大，发展的势头很快。公司的人都开始对她刮目相看，她也理所当然地成为那里的部门经理。

本来默默无闻的人，经过几年的时间，成为自己行业里叱咤风云的人物，这是他们把不可能变成了可能的结果。而有的人，本来聪颖杰出，几年下来，却弄了个灰头土脸，找不到自己发展的道路，渐渐滑入平庸与无作为的轨道，他们把可能变成了不可能。

对于我们来说，那种"我不可能"的观念才是我们最大的敌人，只有把它从我们的脑子里剔除，我们才能获得成功的机会。对事情来说，没有什么是不可能做到的，永远都有你尚未开发出的潜力等着你在关键的时刻爆发出来。

做任何事绝不能一条道走到黑，因循守旧与墨守成规只会导致事业的破败。要想拥有巨大的财富，就必须具有独特的眼光，敏锐的观察力，想前人所不敢想，为前人所不敢为，大胆创新，做他人不愿做的事情。这样，才能够寻找到新的天空，开拓新的领域。这就需要具备敢吃螃蟹的勇气和坚韧不拔的精神，不顾别人的阻挠和嘲讽，按照自己的选择走下去。

中国台湾有一个花卉经销商，有一天突发奇想，想从花卉中提取叶素加工生产一种专治痔疮的特效药膏。他这种想法受到大家的嘲笑和阻挡。但是，他毫不气馁，在经营花店的同时，忙于自己的这一计划。谁料他整整花了两年时间，才找到了一个提取花卉叶素，配制美容护肤品的方法。尽管别人都嘲笑他，他依然租下一片土地，申请贷款种植花卉，提取叶素，小批量生产这种美容护肤品，然后投入市场。一些人使用后，评价很高，一下子打开了销路。尽管如此，他还是坚持研制提取花卉叶素治痔疮的配方。

尽管别人都劝他好好经营自己赚钱的护肤品生意。但是，他认为护肤品市场品种太多，竞争激烈，自己的产品又不是最好的，很难取得巨大成功。所以，他不顾家人的阻拦，别人的劝说，最终把自己护肤品的配方和小厂转让给了别人。然后，专心致志地研究治疗痔疮的配方。

经过无数次的试验，顶着各方面的压力，他终于研制出了一种带有香味的治疗痔疮的奇特配方，产品一问世，便受到了各方面的

第八章　逼到绝境不要紧，挖掘潜能最重要

139

好评，销售形势良好，效益蒸蒸日上，很快他的公司就发展壮大起来。

走别人不愿走的路，做别人不愿做的事，你才能踏上一条成功的捷径。要知道，上帝总是把最美的果实留给那些愿意冒险的人。所以，成功者总是那些敢做别人不愿意做的事情的人。

每个人都有自己的路，不要跟从别人的脚步，做与别人一样的事情，走与别人相同的路。要知道，在这个世界上，没有任何成功者的人生是一样的。当你找到属于自己的路，开始做别人不愿意做的事时，你就踏上了成功的捷径。

 不要让别人阻碍你的前进

每个人的人生都有很多的路要走，但不管你走的是哪一条路径，困难、艰苦与险境都一定会出现。因此，我们不必动辄改道或临阵脱逃，惟有坚持下去，才能建立起坚强的信心，获得最后的胜利。如果我们已经付出了很多努力去做一件事，就不应轻易放弃，而应坚持不懈。不要因为别人的思想阻碍了自己前进的脚步。

著名的法国科幻小说家凡尔纳在出版他的第一部科幻小说《乘气球五周记》时，遭受了出版社十几次的退稿。在一个冬日的上午，凡尔纳刚吃过早饭，忽然传来一阵敲门声，一开门，一个邮政工人便把一包沉重的邮件递到了凡尔纳的手里。打开里面的一封信，上面写道："凡尔纳先生：尊稿经我们审读后，不拟刊用，特此奉还。"自从凡尔纳几个月前把他的作品寄到各出版社后，收到这样的邮件已经有14次了，这是第15次被拒绝采用。凡尔纳被激怒了，他深知那些出版人根本不会好好阅读不出名作者的作品，因为他们根本不会把这些作品放在眼里。凡尔纳心里一阵绞痛，他发誓从此再也不写作了。

正当他拿起手稿走向壁炉，准备把这些稿子烧毁的时候，妻子赶过来一把抢过手稿紧紧抱在胸前。妻子用肯定的语气安慰丈夫：

"亲爱的，不要灰心，你只不过才试了十几次而已，再试一次吧，总会有出版社看到你的才华，也许这次就能交上好运呢。"

凡尔纳听了这句话后，沉默了好一会儿，最终接受了妻子的劝告，又抱起这一大包手稿到第 16 家出版社去碰碰运气。果然被妻子言中，这次成功了！这家出版社读完手稿后，觉得相当精彩，立即决定出版此书，并与凡尔纳签订了 20 年的出书合同。

在生活中，有不少人，心中有梦想，脚下有行动，为实现理想，不怕吃苦受累，可是，一遇到别人的反对意见，就会突然对自己失去了信心，踌躇不前，放慢了脚步，有时甚至停止了前进，让人扼腕叹息。

迎来光明十分不易，只有承受得住漫漫长夜的人，才能坚持等到最后的日出。如果没有再努力一次、再坚持一下的勇气，我们也许永远都无法读到凡尔纳笔下那些神奇精彩的科幻故事，人类也会失去一份极其珍贵的精神财富。成功与失败有时就差那最后一步，如果停在距离成功仅一步之遥的地方，也就等于放弃了原先的一切努力，如此一来，不论前面付出多少，最终结果只能归零。

美国著名女演员索尼亚·斯米茨的童年，是在加拿大渥太华郊外的一个奶牛场里度过的。当时她在农场附近的一所小学里读书。有一天她回家后很委屈地哭了，父亲就问原因。她断断续续地说："班里一个女生说我长得很丑，还说我跑步的姿势难看。"父亲听后，只是微笑，忽然他说："我能摸得着咱家天花板。"正在哭泣的索尼亚听后觉得很惊奇，不知父亲想说什么，就反问："你说什么？"父亲又重复了一遍："我能摸得着咱家的天花板。"索尼亚忘记了哭泣，仰头看看天花板。将近 4 米高的天花板，父亲能摸得到？她怎么也不相信。父亲笑笑，得意地说："不信吧？那你也别信那女孩的话，因为有些人说的并不是事实！"索尼亚就这样明白了，一个人的生命是别人无法掌握的，能掌握的只有自己。二十四五岁的时候，索尼亚·斯米茨已是个颇有名气的演员了。后来，她又自己做主，离开加拿大去美国演戏，从而闻名全球。

在这个世界上，生命是最具张力和韧性的个体，一个人，只要他心中的激情不减，只要他不被别人的阻碍意见所困扰，只要他不轻易放弃自己的努力方向和追求目标，那么他生命的版图只会越来越广阔，越来越丰富，越来越饱满。因为每个人的头上都有一片天，上帝也从来不会辜负勇于行动并勤于付出的人。

有一首歌里说：心若在，梦就在。只要你的心永远不败，相信没有人可以将你打败，只要你的心不败，天地之间就处处是创业的舞台。论人生，没有失败，最多也不过就是从头再来。

古往今来，有多少英雄豪杰，有志之士。哪一个人能够随随便便地成功，他们之所以能够成功，不是他们比常人有更多智慧与机遇，而是他们始终有一颗坚强果敢的心灵。

面对别人的风言风语，如果只会怨天尤人，自暴自弃，心灰意冷，丧失了斗志，放弃了努力，最终只能走向一事无成的结局。而相反，如果我们能够意志坚定，锲而不舍，那我们就一定会有所建树。只要生命还在，就不能放弃努力。学会承受，坚强心灵，勇敢面对，才是我们战胜一切，不断前进的最有效的武器。

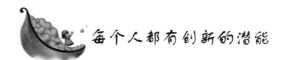

每个人都有创新的潜能

创新思维能力，是每个正常人所具有的自然属性与内在潜能，普通人与天才之间并无不可逾越的鸿沟。慧能和尚甚至说："下下人有上上智。"创新思维能力与其他能力一样，是可以通过教育、训练而激发出来并在实践中不断得到提高和发展的。

一天，一个14岁的小男孩在报上看到了一个适合自己的工作，就决定前去应征。可是，当他第二天早上准时来到应征地点时，却发现已经有20个男孩等在那里了。如果换作是一个意志不坚定、也不太聪明的男孩的话，很可能会就此作罢。可是这个年轻人却不是这样，他认定自己是这个职位的最佳人选，并认为自己能够凭借上帝赋予的智慧来解决问题。他开始积极、认真地思索，想找出一个能扭转自己不利局面的方法。突然，他灵机一动，想出了一个绝妙的主意。

他拿出纸和笔，写了几行字，并请站在他后面的男孩为他保留位置，然后他走出行列，来到负责接待的女秘书面前，很有礼貌地说："小姐，请将这个便条交给老板，这是一件很重要的事。谢谢你！"

他得体的举止和愉悦的神情给女秘书留下了很好印象，所以她很快把纸条交给了老板。老板打开纸条一看，禁不住笑了，并把它交给了秘书，她看后也笑了起来。原来，纸条上写了这样一句话："先生，我是排在 21 号的应征者。在见到我之前，请你不要作任何决定。"

结果当然是小男孩如愿以偿地得到了这份工作。因为他有很强的思考问题的能力，能在很短的时间内，找出问题的实质，然后尽力去解决它。

我们在生活中也常常会碰到类似的情形，这时，只要我们不轻易放弃，而是积极地思考解决问题的方法，就一定能转败为胜。

每个人心中都关着一个等待被释放的精灵。每个人都有无限潜力来表达自己的想法，只可惜大部分人只使用了极少的一部分潜力。当你懂得了如何运用自己的潜力，就能唤醒创意精灵的自由飞翔，就会"行到水尽处，坐看云起时"。

日本最大帐篷商、太阳工业公司董事长能村先生想在东京建一座新的销售大厦。善于动脑筋的他想如果在寸土寸金的东京只建一座大厦，不仅一时难以收回成本，而且大厦的每日消耗也是一笔不小的开支。怎样能做到既建了大厦，又可以借此开拓新的市场呢？

万事就怕有心人，有了这样想法的能村先生便特别关注生活里的一些热点问题。当时，攀岩热正在日本兴起，且大有蓬勃发展之势，这令能村先生茅塞顿开：何不建一座都市悬崖，满足那些都市年轻人的爱好？经过调查研究，能村先生邀请了几位建筑师反复研讨，决定把十层高的销售大厦的外墙加一点花样，建成一座悬崖绝壁，作为攀登悬崖的练习场。

半年后，一座植有许多花木青草的悬崖，便昂然矗立在东京市区内，仿佛一个多彩而意趣盎然的世外桃源。练习场开业那天，几千名喜爱攀岩的血气方刚的年轻人，兴高采烈地聚集此处，纷纷借

143

此过一把攀岩瘾。

在东京市区内出现了从前在深山峻岭才能看到的风景，这一下子吸引了人们的目光，每日来此观光的市民不计其数。而一些外地的攀岩爱好者闻讯后，也不辞辛苦到东京一显身手。

接着，能村先生又恰到好处地把握了这种轰动效应，在公司的隔壁开了一家专营登山用品的商店。很快，该店便因货品齐全，占据了登山用品市场的榜首地位。

"越能利用有利用价值的东西就越能赚钱。"这是能村先生的经营之道，而他也正是在这一理念的引导下，把大楼的外墙建成都市里的悬崖，从而赚了大钱。

雨果说："即使你成功地模仿了一个有天才的人，你也缺乏他的独创精神，这就是他的天才。"我们应提倡创新，而且要敢于创新，而不去步入后尘，拾人牙慧。只有充分地发挥自己的创新潜能，才能保证在芸芸众生中脱颖而出。

 勇敢迈出第一步，改变就在不远处

人生选择的道路有很多，站在起点的分岔口，抬起脚的那一瞬间，我们都失去了勇气，不知前方会有怎么样的陷阱，迟迟的犹豫，不敢前进，可往往就是这一步，一秒的迟，你就会落后，很可能机会就会与你擦肩而过。所以勇敢的跨出第一步是你成功的关键。

19 岁创办公司，3 年后公司注册资本 150 万元，招聘员工 15 人。只有 22 岁的大四学生丛跃，让人深刻感受到只争朝夕的涵义。

丛跃是中国海洋大学工商管理专业的在校生。"大学刚入校的时候，他就倒腾一些手机卡和数码产品，卖给同学。"2006 年初，丛跃在海洋大学读书半年后，用自己卖电脑、手机剩余的 2000 元钱，创立了"蓝海跃荣"公司。"刚开始依旧是做通讯和数码的代理销售，成立公司后在学校租赁了店面。"在与数码产品批发商交流时，丛跃了解到一个非常重要的信息，面对大学生这个消费群体，一些销售商希望在校园内扩大宣传，但传统的校园报纸、广播等无法满足这一需求。丛跃立即行动，创办公司从事校园传媒开发，逐渐揽下青岛 15 所大中院校的校园广告牌。

2008 年初，正在读大三的丛跃以 30 多万元的价格收购了社会上一家广告公司，成立了新公司"点亿传媒"，公司注册资本一下达到 150 万元。

取得公司经营权后，丛跃立即开展新业务，利用盈利支付收购公司的款项。目前，丛跃的主要收入来自校园广告刊物、社会广告位收入、校园独家代理移动、联通业务等。谈到公司未来的发展，丛跃已经看准了 3G 广告和网络教育，目前这也是丛跃力争开拓的新方向。22 岁未毕业做到一家年营业收入过百万的公司总经理，丛跃对大学生创业的看法是"勇敢迈出第一步"。在他看来，学校和社会上都是商机无限，很多同学也能看到某些商机，但关键是谁能勇敢地走出第一步。

成功最艰难的不是过程，而是迈出的第一步，只要你有勇气迈出第一步，那么后面的困难也就不算什么了，千万不要说"我不敢""我不能"之类的话，没有尝试过，谁都不能为自己的未来下定义。

就像千里马，它的速度并不在于日后的训练，而取决于出生时的第一步，有这样"残酷"的母亲：小马驹刚被生下来时，想从水坑捞上来的一根木棍，使劲地支撑前肢，力图站起来，但很快倒下了。起来倒下，又起来，一次又一次。这时母马走上前去，用鼻子对着湿漉漉的小马喷出气来，像在鼓励，又好似正在说再来，靠自己。小马嗅到母亲的气味，更加用力了，两条后腿也支了起来。四条腿弯弯地叉开着，然后重重地摔倒。这样反复几次，小马终于站住了，并向妈妈那里走出几步，接着又是摔倒。而那母马看到小马驹向他走去时不是迎接，而是向后退步，小马驹贴近一步，它就向后一步。小马驹倒下了，它又前进一步，却从不搀扶。有人见母马这么折腾小马驹，故意让这样幼小的生命遭罪，就想过去扶一把，养马人却拦住了他，并说："这一扶就坏了。一扶，这马就一辈子也成不了好马！"

窗外的天依旧是那么蓝，阳光照耀着大地，张开那隐形的翅膀吧！飞向那美好的天空！飞向那成功的彼岸！给自己一次挑战，也给人生一次超越，人生那座灯塔在这一刻将会变得无比明亮，因为这是我们用勇敢所点燃的。

勇敢迈出第一步，飞过心中的沧海吧！请相信，成功的彼岸将有花盛开。

 用毅力突破成功的临界点

在非洲的戈壁滩上，有一种叫依米的小花。花呈四瓣，每瓣自成一色：红、白、黄、蓝。它的独特并不止于此，在那里，根系庞大的植物才能很好地生长，而它的根，却只有一条，蜿蜒盘曲着插入地底深处。通常，它要花费 5 年的时间来完成根茎的穿插工作，然后，一点一点地积蓄养分，在第 6 年春，才在地面吐绿绽翠，开出一朵小小的四色鲜花。这种极难长成的依米小花，花期并不长，仅仅两天，它便随母株一起香消玉殒。

在艰苦的环境中，即使你不具备大多数人能生存的条件，但是，如果你能够一心一意地扎根深处，能够耐得住寂寞坚持不懈的追求，用自己的毅力，你一样能够实现自己的价值，突破成功。

毅力，在任何时期任何国家都是被人们所提倡的。正是因为毅力，美丽的蝴蝶才能破茧而出，夺目的珍珠才会闪耀于世，独特的依米小花才能在经历 5 年的积蓄后开出奇异的四彩之花。

法拉第不断摆弄着线圈，那一瞬间，他不敢相信自己的眼睛，他成功用磁产生了电。10 年里，他一直在探索。起先设备在两间房内分放，根本来不及看现象。后来他改进了设备，在一间房内观察。陷入误区让他久不能解，可他没有放弃，改变方式继续尝试，最终得到一瞬。

通电流的一瞬，是他 10 年磨成的一把利剑。10 年不断的探索，是他成功的必要环节。没有这些积累和探索，他不会是电磁感应的发现者。即便是那么一瞬的成功，也需要长久的探索。

成功的人敢于探索。求知新事物难免不遇困难，而毅力是最基本的途径。居里夫人以一生的心血打开了原子的大门，拉瓦锡不断地试验成为近代化学之父。正如一位哲人所说"顽强的毅力可以征服世界任何一座高峰"。任何事物都不是轻而易举地完成的。缺乏毅力，再美好的理想都可望不可即。

那么毅力是什么呢？毅力是平凡无奇的执著。四川凉山"马班邮差"投递员王顺友，踽踽独行在深山中，转眼间20年过去了，他日复一日的坚持自己的工作使命，而伴随他的只有那延伸不断的孤独。平凡的坚持自己的本分，没有惊天地泣鬼神的感动，但他却做到了百分百准确投递，就这样一点一点的平凡筑就了邮递史上的辉煌。

毅力是攀登高山到达胜利巅峰的手杖。发明大王爱迪生，为了发明白炽灯，试验了近2000种材料。为了延长使用寿命，更是试验了近6000种植物纤维。毅力是突破极限的超越。因为有毅力的支撑，人们往往能发挥出最大的潜能。王顺友忍着被骡子踢破肠子的痛苦，坚持送信，是突破了身体的极限；季羡林一生地研究、创作，突破了文学的极限；爱迪生一生2000多项发明，突破了历史的极限。毅力是开启成功的钥匙。每一个成功的背后都隐含的无尽的汗水和坚持。可以说是毅力造就了成功，而成功成全了毅力。

顽强的毅力无往而不胜。一个人没有毅力，将一事无成。让我们手握毅力宝剑，登上人生之巅，品尝成功喜悦吧。

毅力是漂越苦海通向成功的舟楫。北大终身教授季羡林，留学时学习印度梵文，回国后创建东方文学系。七八十岁时，翻译印度史诗《罗摩衍那》。耄耋之年，仍继续研究、创作，最终进入"学术泰斗"的云端。

孔子曰："譬如为山，未成一篑，止，吾止也；譬如平地，虽复一篑，进，吾往也。"孟子曰："有为者，譬若掘井，掘井九仞，而不及泉，犹为弃井也。"成败之数，如此而已。

有毅力者成，反之者败。勉励处于逆境中的有志于天下事者，不要被失败吓倒，不要被暂时的逆境所困扰，要坚持不懈，继续前进。

147

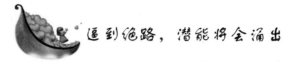

逼到绝路，潜能将会涌出

鹰的成长，是一个不断向命运挑战，不断磨炼，不断超越自我的过程。

当幼鹰长到足够大的时候，鹰妈妈就会把巢穴里的铺垫物全部扔出去，这样，雏鹰们就会被树枝上的针刺扎到。因此，它们不得不爬到巢穴的边缘。

而这时，鹰妈妈就会把它们从巢穴的边缘赶下去。当这些雏鹰开始坠向谷底的时候，它们就会拼命地拍打翅膀来阻止自己继续下落。最后，它们的性命保住了，因为它们掌握了作为一只老鹰必须具备的最基本的本领——飞翔！

困境历练意志，磨炼召唤成功！每个人都蕴藏着无穷的力量，而只有当你爬到巢穴的边缘，冲向天空——展翅飞翔的时候，这种力量才能激发出来！

意志坚定者出人头地。面对困难的态度十分重要。困难就像纸老虎，如果你害怕它，畏缩不前，不敢正视，那么它就会吃掉你。但是，如果你毫不畏惧，敢于正视，它就会落荒而逃。对于懦弱和犹豫的人来说，困难是可怕的，你越犹豫，困难就越发可怕，越发不可逾越。但当你无所畏惧时，困难将会消失。

只有一条路可走的人往往是最容易成功的人，因为别无选择，所以他们会倾尽全力朝目标冲刺。有时只有斩断自己的退路，才能把不可能变成可能。只有将自己逼上梁山，才能找到出路。对自己太容忍，就是对自己的残忍。当我们不能后退时，就只有前行。欢腾的小溪没有退路，它从高处流向低处，直到汇入大海；雄健的苍鹰没有退路，它从断崖飞向低谷，直到驰骋天穹；稚嫩的幼芽没有退路，它从地下钻出地面，直到沐浴春雨。

李天是一位留学美国的中国学生。毕业后，李天想靠着自己的能力养活自己，于是为了解决生存问题，他什么苦活累活都干过。

在餐馆刷盘子，在路上发传单，帮别人打字。微薄的收入只能让他勉强糊口。

一天，在唐人街一家餐馆打工的他，看见报纸上刊出了一个公司要招聘线路监控员，一看和自己专业对口，薪资待遇也很吸引人，于是李天做足了准备去应聘。过五关斩六将，他进入了最终地面试。当招聘主管出人意料地问他："你有车吗？你会开车吗？我们这份工作经常外出，因为公司的车辆有限，所以我们会优先考虑会开车的人。"

李天当场就蒙了，自己只是一个穷学生，怎么会有车呢？开车更是不会啊！但为了争取到这个工作，他不假思索地回答："有！会！""很好，那四天后你开车来上班。"主管说。

李天没有退路，要么他就放弃这份工作，要么就只能硬着头皮上阵。最终他豁出去了，在一个朋友那儿借了一些钱，买了一辆二手车，开始了自己紧迫的学车历程。第一天他跟朋友学简单的驾驶技术；第二天在朋友屋后的大草坪模拟练习；第三天歪歪斜斜地开着车上了公路；第四天他居然驾车去公司报到。

如果想要找到出路，没有坚定的信念和视死如归的精神是不行的。有时我们必须放开手脚，大胆去做，才能克服所谓的不可能。李天凭着自己的胆识，敢于斩断自己的退路，让自己置身于命运的悬崖边上。正是面临这种后无退路的境地，他才有了奋勇向前的精神，争取到了那个难得的机会。

网坛明星俄罗斯运动员莎拉波娃 4 岁时，她的父亲就变卖了他们在俄罗斯的全部资产，带着莎拉波娃到美国练习网球。正因为没有退路，莎拉波娃从小就刻苦练习，最终成长为一名成功的网球手。

人生没有退路，我们才会更加努力地探寻出路。生活中，退路就是在为不成功找借口，在经历失败后，它就成了堂而皇之的退缩理由。当你为自己留出后路时，你就在失败上投下一枚筹码，你的信心就已经削减了一半。关键时刻，有破釜沉舟的勇气的人，才能给自己创造一个向生命高地冲锋的机会。

第八章　遇到绝境不要紧，挖掘潜能最重要

149

第九章　世事无常不要紧，保持本色最重要

在这个世界上，人格永远是由自己塑造的，这绝对不是客观原因造成或是由他人主观认定而成的。

不管有多艰难，保持人格不变

在这个世界上，人格永远是由自己塑造的，这绝对不是客观原因造成或是由他人主观认定而成的。人格有高低、好坏之分，完全取决于自己的内心。尽管每个人的人格都存在这样或那样的缺陷，但都是我们可以通过努力去保持和完善的。

高尚的人格并不像人们想象的那样高不可攀，也并不是我们一定要做出什么惊天动地的丰功伟绩才算有高尚的人格。相反，即使你做出任何惊世骇俗的事情，如果没有一个高尚的人格，那么也是不值得人们尊重的。

要想让自己的人格变得高尚，也并不是一件难事，只要你能在大是大非面前依然保持自己的本色，就是坚持了自己的人格。如果你一旦遇到一些客观因素上的困难或当你的人生陷于绝境时，为了自保而在人格方面丧失主动权，那么你就面临危险了。

不管有多艰难，都要保持人格不变。其实，那些所谓的高尚的人格也都是体现在平凡的生活考验中的，只要你能挺住艰难，就能在平凡中显示出不平凡的气度。

居里夫妇不是平凡的人，他们为科学事业献出了卓越的功勋，然而，他们依然保持本色，视名利为粪土，始终最大限度地保持和彰显着自己的高尚人格。

1903 年 12 月，居里夫妇和贝克勒尔一起获得了诺贝尔物理学奖，一时间各种应酬随之而来。当镭元素被提取成功后，有人劝他们向政府申请专利，从而垄断镭的制造，这样就能发大财，一辈子衣食无忧。对此，居里夫人严加拒绝，她说："那是违背科学精神的，科学家的研究成果应该公开发表，别人要研制，不应受到任何限制。何况镭是对病人有好处的，我们不应当借此来谋利。"

虽然居里夫妇的日子并不富裕，但最后还是把得到的大部分诺贝尔奖金捐赠给了慈善事业。为了提取更加纯净的镭，他们需要更多的沥青铀矿，这种东西在当时是非常昂贵的，于是，居里夫妇便从自己的生活费中一点一滴地节省出来，先后买了八九吨沥青铀矿。

几年后，居里先生去世，无依无靠的居里夫人首先想到的不是自己的养老问题，而是把千辛万苦提炼出来的、价值高达100万法郎以上的镭一点儿不剩地捐赠给了治癌实验事业。

1937年7月14日，居里夫人病逝了，伟大的科学家爱因斯坦这样评价她："在我认识的所有著名人物里面，居里夫人是唯一一位不为盛名所颠倒的人。"

居里夫人用她那金子般善良、坚定的心保持住了自己崇高的人格。这种崇高并不是基于她发现了镭，也不是为科学事业作出了多大的贡献，而是当她面对利益和良知时作出了正确的选择。这一点看似简单，却是很多人很难做到的。

那些事业有成的人，如比尔·盖茨、李嘉诚等人的人格是高尚的，因为他们曾献出巨资来支持慈善事业。有很多人说，只有成功人士和有钱人才有资本保持人格，因为他们有足够的名和利，已经不在乎其他东西了。其实并非如此，那些在平凡的岗位上默默奉献一生的人，甚至那些街头的流浪者，同样可以保持自己的人格。

一个人的人格是否高尚无关乎地位、业绩，而在于他的精神世界。一个人如果只有10元钱，那么他不会在乎拿出5元钱来与他人分享，但如果一个人拥有100万元甚至1000万元，就很难拿出一半甚至一小半来与人分享。拥有得越多，往往越很难做到无私奉献，但比尔·盖茨和李嘉诚做到了，还有更多的人也做到了，那么他们的人格就是高尚的。

不管你是处于顺境还是逆境，不管你是富有还是贫穷，不管你是健康还是患有疾病，无论你有怎样的困难和挫折，都不能成为你降低人格的理由。生活在这个世上，我们每一个人都是平凡的，但我们可以用我们高尚的人格为历史增添一丝亮丽的色彩。

从现在开始，你不妨对自己的人生做一个反省，想一想自己是否因为艰难的处境而降低过人格。如果做过，请为此忏悔，然后重新来过，不为别人，只为自己生活得更快乐。无论你之前的人格有多少缺损，从现在开始都可以进行修补和改变，然后从头开始，重

第九章　世事无常不要紧，保持本色最重要

153

新来过。

想一想，在这个物欲横流的社会生存，自己是否还能保持一个朴实的生活观念？看到别人买房买车、有权有势，你是否也感到羡慕或忌妒？你希望自己有多少钱？有没有想过拿出一部分钱用来捐赠给那些更需要帮助的人？是不是对现在的生活水平感到满足？如果不感到满足，要达到怎样一个水平才会满足？要通过怎样的手段来达到这个目的呢？

当你这样进行一番反省后，会很容易发现，原来人的心是没有止境的，当你沉浸在这些物质追求时，就会迷失自己的人格；当你感到生不逢时时，就会对自己的生活加以抱怨，而你的人格就是在这个过程中降低的。

人一旦失去了人格，就如同行尸走肉一样，为生活而生活。当你赚到了足够多的钱，当你的生活得到了保障时，它又能带给你什么呢？这时你才发现，自己的贪欲已经吞噬了自己的内心和人格，整个人就如同掉进了无底的深渊。

这就在告诉我们，一个人，不管在什么条件下，都应该管住自己的内心、守住自己的人格。工作中，要学会用扎实的劳动手段换取平凡的生活；有多少钱就用多少，不必太在意；对于那些你所得的，不去妄想和奢求，更不能以非法的手段去攫取。这样，你只要能做到以下几点，自然能保持人格不变，甚至还可以提高人格。

首先，要保持自己的亲情。血浓于水，亲情是永远无法割舍的东西。不管你有再多的钱和权，都无法改变自己身上所流的血液。因此，你永远不要舍弃那些想要依附于你的亲人，应该把他们的每一句话都放在心上。不忘本，这是你保持人格的前提。

其次，要尊重友情。朋友不是用来利用和攀比的，多个朋友多条路，不管你现在是否需要朋友的帮助，都应该与之保持一个良好的友谊关系，虚心听取朋友的建议，即使朋友说错，也不要责怪或怨恨，也不要妄想利用你的朋友关系来脱离自己的困境或实现自己某种目的。如果抱着这样的心态，就永远无法交到真心朋友。

再次，即使生活再艰难、再拮据，也不要怨天尤人，更不要对富有的人心生忌妒。过节俭的生活，用自己的双手去改造命运，这

对自己说不要紧

样，即使以后富有了，也不会忘记这段时间的艰难，那时，它将变成一段美好的回忆，时时为你注入新鲜血液，让你保持人格不变。

最后，要善良、要正直，在家中要孝敬父母和长者。生活中，要善待他人、助人为乐，哪怕你只能付出一点点的微薄之力，也会因为有这种想法和行为而感到光荣。献出一份真心，帮助了别人更安慰了自己，何乐而不为呢？

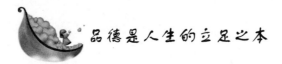

品德是人生的立足之本

有人说，品德折射人类内心的世界。人们拥有怎样的品质，就会做出怎样的事情，因此，大多数人都相信品德是人生的立足之本，直接影响着人生的成败，决定着事业的兴衰。品德高尚的人，做出的事情也是高尚的、被人称赞的，因为会更得人心、结人缘，事业也就更顺利；而品德欠佳的人，即使获得小范围的成功，最终也将毁在自己的手里，一生无法翻身。

一位大学教授给新生上素质教育课，只见他神神秘秘地从包里掏出一个玻璃瓶子，然后又拿出一些小石头，这下立刻挑起了学生们的好奇心，心想这位哈佛教授到底想要做什么呢？

紧接着，教授把小石头一块一块地装进瓶子里，直到再也装不下一块石头，然后他就问他的学生们："装满了吗？"

学生们面面相觑，然后非常肯定地回答说："满了。"可是，哈佛教授似乎并不以为然，因为他又拿出一小袋沙子，在给学生们看过后，直接把沙子倒进了瓶子里，直到瓶子再也放不下一粒沙子。这时，他又问："装满了吗？"

"没有。"学生们回答说。

教授笑了笑，说："对！不愧是哈佛的学生，一点即透。"只见教授又拿出一瓶水，缓缓地倒入了已经装满沙子和石头的瓶子里。

等到已经再倒不下水时，哈佛教授结束了实验，然后语重心长地问道："同学们，你们从这个实验里得到了什么启发呢？"

一位学生大声说："时间，时间都是这么挤出来的，只要你愿意，总能挤出时间来学习。"

另一位学生也抢着说："知识，无论你的知识多么渊博，总有你不知道的。"

哈佛教授略带满意地笑了，说道："你们说得都对，但你们说的只是它的一部分意思而已。大家想一想，如果我刚才先放沙子再放石头，那么，石头还能全部装下去吗？先放石头还是先放沙子，其中包含了我们人生一个很重要的道理，那么，什么才是人生这块石头呢？"

"地位。"一位学生说。

"学历。"另一位学生说。

学生们纷纷发表自己的意见，教授最后摇摇头说："是品德，品德就是这块石头，无论在什么时候，我们都要把别人放在第一位，先人后己，这是做人的基本。"

"品德"在英语中的定义是："一个人的生命过程中建立的稳定和特殊的品质，使他无论在什么环境中都有同样的反应。"优良的人品源自一个人的内心深处，它不受地位、财富、环境等的限制。

只有保持良好的品德，一个人才能享受到真正的成功与快乐。所以，品德应该是建立在学历、地位、能力等一切成功因素之上的。一个人再有能力再有作为，如果没有良好的品德，只能遭人唾弃。

三国的吕布，身骑赤兔，手拿方天域戟，能征善战、异常勇武，然而却败在了品德上。吕布先认丁原为父，然后杀了他，后来又认董卓为父，而后同样杀了董卓，最后被曹操抓起来，又想投降曹操，但曹操认为他两弑其父，不敢用他，只能把他杀掉。

一个人仅仅才华出众是不够的，还要具有高尚的品德。无论在工作还是生活中，人们都欣赏那些诚实可靠的人，对那些自私自利、偷奸耍滑或者丧失原则和品德的人，即使他们才华横溢、聪明绝顶，也不会加以重用。

因此，在人生的道路上，不管你是用人还是为人所用，都要牢记"人品最重要"这句箴言，否则失去了品德就失去了做人的意义，最终为千夫所指、遭人唾弃。

一个农夫把斧头掉进了河里，便坐在河边伤心地哭起来。财神听见了他的祈求，便现出原形帮他打捞，财神先是从水中打捞出一把金斧头递给农夫，可他却摇头说："这不是我的。"于是财神又跳入水中打捞出一把银斧头来，农夫还是摇头表示不要。最后，财神拿出了一把铁斧头，递给农夫，农夫仔细看了看斧头，然后眉开眼笑地说："这才是我失去的斧头。"然后他坚持要感谢财神。财神见这种坚持自己原则的人少有，为了奖励他，财神就把金斧头和银斧头一起送给了他。

后来，这件事被村里一个贪心的人知道了，便故意将自己的斧头扔进河里，然后装作很伤心的样子号啕大哭起来，财神听闻后急忙赶来帮忙，同样是先拿出一把金斧头来，那人一见财神手中闪闪发光的金斧头，全身激动地大叫起来："这就是我丢失的那把，快还给我吧！"

财神立刻有所察觉，顿时和那把金斧头一并消失了。最后，这个贪心的人连自己原来的斧头也没有找回来。

生活中，很多人就像后来丢斧头的那个人一样，见到金钱就被其所诱，从而丧失了自己的品德，甚至认为只要对自己有利，说点儿谎话，做点儿错事也无妨，这样一来，他们所说的谎便越来越大，所犯的错也越来越多，最后机关算尽，害人害己。

曾被美国《时代》杂志誉为"人类潜能的导师"的史蒂芬·柯维博士有过这样一段论述：

"我潜心研究自 1776 年以来美国所有讨论成功因素的文献。对于爱好自由民主的美国人民所公认的种种成功之论，算得上了如指掌。

不过，我从这 200 年来的作品中发现过去的 50 年来讨论成功的著作都很肤浅，谈的都是一些自我完善、大众心理学以及自我帮助等，讲的都是如何运用社会形象的技巧与如何成功的捷径。虽然这些知识造成了社会上有很多人抓住了时机，靠自己的某项技巧或者能力取得了成功，但他们却很少有人能让自己一直成功下去，更别谈会获得什么大的成就了，因为他们取得成功的这种方式往往是头痛医头、脚痛医脚的特效药，治标而不治本。

比较而言，前150年的作品则有很大不同，这些早期的论著强调'品德'为成功之本，诸如像正直、谦虚、诚信、勤勉、朴实、耐心、勇气、公正和一些称的上是金科玉律的品德。富兰克林的自传就是这个时期的代表作，内容是主要描述一个人如何努力进行品德修养。"

品德成功论强调，圆满的生活与基本的品德是不可分的，唯有修养自己具备品德，才能享受真正的成功与恒久的快乐。其实，做人首先是看一个人的德性是否忠厚诚实，其次是看是否有所担当，再次是看是否忠孝仁义，最后才是看是否拥有高水平的智力和技能。

所以，你不仅要让自己成为有能力的人才，更要成为品行高尚的人。当你具备优良的人品，你才能融入社会，从社会汲取你所需要的，在社会中实现你的理想和抱负。

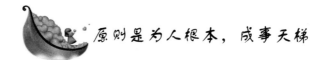

原则是为人根本，成事天梯

无论这个世界怎样改变，无论生活怎样改变，你都要认识自己、活出自己，这样，你的人生才能掌握在自己手里，你才能活得像鸟儿一样悠闲轻快，像花儿一样美丽灿烂。

不要让这个世界随便地改变自己。人生就怕活得浑浑噩噩，没有理想、没有坚持。一个人生存在这个世界，什么观念也不在意，什么兴趣也没有，什么说法都觉得合理，也不知道自己应该追求什么、不知道自己应该舍弃什么，结果就总是人云亦云，总是跟随大潮流走，这样的人不但活不出潇洒，反而容易被这个世界所改造，最后活了一辈子也说不出几件值得"炫耀"的事，在别人眼里是一个窝囊废，连自己都看不起自己。

不想被这个世界所改造，你就必须要活出一个真实的自己，活出自己的个性，不被周围的环境所左右。

生活中，每个人都有自己的优缺点、有自己的生活方式。但是，一个人不可能脱离社会而独自生活，如果你在面对别人的评价和压力时就要妥协，从而改变自己来适应大众的评价，那么最终会失去自己的一切，因为大众的看法是不尽相同的，而且也是时常变化着的，你为此而一味地改变自己，最后只会活得不伦不类、痛苦不堪。

伟大的学者契诃夫说："信仰是精神的劳动，动物是没有信仰的，野蛮人和原始人有的只是恐怖和疑惑，只有高尚的组织体才能有坚定的信仰。"最大限度地活出真实的自己，就是在坚持自己的信仰。

星巴克从 1985 年以 40 万美元的资金起步，到 1992 年 6 月时，又经过了 4 轮私募投资后登陆纳斯达克，那时已经融资 2900 万美元。从此以后，星巴克年均销售额保持着 20% 的增长，而利润也保持着 50% 以上的增长，股价上涨超过 50 倍，原始投资获利数百倍……

星巴克的创始人舒尔茨，面对自己的成功，这样说道："听从自己的心灵，即使遭人讥笑也无所顾忌。"听起来，他是个有着独特价值观和行为准则的"怪人"，他主张"不要害怕与传统智慧抵抗"、"真正的成功者必定坚持原则"。

听起来，舒尔茨像个独断专行的独裁者，但正是这样一个善于对世界说"不"的人把一个咖啡店发展成了影响全球的企业。星巴克的股市回报甚至超过了微软、IBM，他还想把星巴克变成为"世界上最知名、最受尊敬的品牌"。

在执掌星巴克的 20 年里，舒尔茨先后拒绝了若干人习以为常而又难以抵御的诱惑。他对某些"常识"说"不"，并反其道而行之，哪怕是"绕远路"也在所不惜。舒尔茨说过："公司不必失去激情和个性也可以做强做大。"他的成功对传统行业的企业家无疑是一种鼓励。

舒尔茨用他的成功告诉这个世界，在工作中坚持自己的原则、安安静静地身体力行，拒绝一切外在的诱惑，那么小作坊也能变成风行全球的大企业。

信仰是人类的最高组织力，是高度智慧的结果。只有真正具有坚定信仰的人才能够为之贡献自己的一切，包括青春、健康、生活甚至生命。

第九章　世事无常不要紧，保持本色最重要

159

做人不能没有原则，不能失去自己的信仰。一个人如果不能坚守自己，就如同风筝失去了丝线的牵引，会失去平衡，最终只能坠入泥泞的深潭；做人不能坚持自己的原则，就如同船没有了锚的制约，不能停歇去享受港湾的温暖，终将被海浪吞噬。

活出自己就是坚持自己的原则。但丁说："信念是人生的火焰。"安托尼库尔说："能够激发一个灵魂的高贵伟大的只有虔诚。"克林顿说："我坚信我的经验和思想能使我的国家更美好。"

坚守自己是一种信念，更是一种力量，是在危险的境遇下支撑自己的力量，是在艰难的困苦面前支撑自己的勇气。坚守自己，即使在最无望的时候，你也同样充满希望。坚守自己，就不会轻易被别人或者被这个世界所改变。

对我们来说，活出最真实的自己，就是在坚守自己的原则和信仰，其真正含义就是坚定不移地实践，就是付出足够的勇气和代价。

原则是为人的根本，是成事的天梯。对自己有担当、活出自己就能成就自己。许多人认为原则只不过是一些生硬乏味的道理，只会限制自己灵活的思想和观念，其实不然，做人的原则是几千年来人类智慧的结晶，它经过世世代代的成功人士的验证，是对人类有利的。一个人只有懂得并坚守了做人的原则，才能最终走向成功。

能否谨守做人的原则，将决定你的人生能否取得成功。只有坚持做人的原则，你才能够说话有尺度、交往有分寸、办事讲策略、行为有节制。

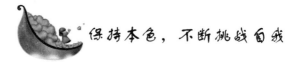

保持本色，不断挑战自我

岸边有几个人在垂钓，旁边还有一些人在欣赏风景，一名垂钓者吸引了大部分游客的眼球，原来，只见那名垂钓者竿子一扬，就钓上一条 1 尺多长的大鱼。鱼被钓上岸后，仍然在奋力挣扎，试图挣脱鱼钩。

这时，垂钓者用脚踩住了大鱼，然后摘下鱼嘴内的钓钩，顺手

对自己说不要紧

将鱼丢进了海里。游客们立刻开始三三两两地谈论，有的人说这名垂钓者胸怀大志，这么大的鱼也不能令他满意；有的人不同意这种观点，说他只不过在享受钓鱼的乐趣，并不想要结果。总之，人们议论纷纷，观看他钓鱼的人更多了。但是这名垂钓者并未理会这么多人的眼光，依然在全神贯注地钓鱼。

当众人停止评论时，垂钓者又将鱼竿一扬，这次钓上的鱼虽然没有上一条大，但也足足有 1 尺长，垂钓者对此仍是不看一眼，顺手将鱼扔进了海里，围观者又是一阵惊呼，又开始小声议论起来。

最后，垂钓者钓竿再起，只见钓线末端挂着一条不过几寸长的小鱼，大家都以为这条鱼肯定会被放回，不料垂钓者解下鱼之后，将它小心翼翼地放到自己的鱼篓中。围观者不理解了，就上前问钓鱼者为什么舍大取小、有什么目的。

垂钓者听了他们的询问后回答说："那是因为我家的盘子太小，装不下那么大的鱼啊！"众人一片哗然。

贪婪会让许多人迷失自己的本性。如今，许多人在社会上常有一种不拿白不拿、不吃白不吃、不捞白不捞的贪婪，这种观念和做法不但会严重损害集体和他人的利益，还会让自己在过度追逐利益之时迷失生活的方向。其实，凡事适可而止才能把握好自己的人生方向，就像案例中那位垂钓者一样，他为了保持自己的本色，避免贪婪，学会了放弃。一条几寸大的鱼已经够吃了，为何还要钓更大的？这次钓了大的，下次是否还要钓更大的呢？

贪婪时常表现为一种疾病，而且是一种久治不愈的顽疾，始终会让人沦为它的奴隶。人的欲念无止境，虽然你已经得到了很多，即使你已经不再需要，还会期盼得到更多。因此，一个贪得无厌的人，就好比在愚弄自己。

因此，贪婪更是一种罪恶，还是罪恶之源。贪婪令人忘却一切，比如人格、品德，做人的标准、原则等。因此，我们应当采取的态度就是远离贪婪、适可而止，并要知足常乐。

要想保持本色，就要不断挑战自我，抱有一种不以物喜，不以己悲的态度，在任何时候都能从容、淡定，应付自如。不论遭受怎样的打击都要相信自己、瞧得起自己、坚守自己，不轻易改变。在

161

面对诱惑的时候，要能挺得住，不被权钱物质迷惑。

袁林本来是某公司的营销部经理，可是，突然有一天，他接到人事部门的调令，让他去供应部做经理。供应部的地位当然不如营销部，虽然同是经理的职位，但自己明显被降了职。袁林这样一想，认为事情不妙，看来公司有意排挤他。

这样一来，虽然袁林服从了公司的安排，去了供应部，但却没有了往日的干劲儿。以前袁林从事销售工作时，整天往外跑，做事很积极，而且他也喜欢这份工作。现在的他却总是一天到晚待在办公室里，为各个部门搞物资调动，还要和书籍、表格等五花八门的器材打交道，实在没有什么成就感。

渐渐地，袁林开始心灰意冷，越来越不喜欢上班，整天还愁眉苦脸的。后来，袁林突然想到了一个问题：我以前对自己信心十足，可当上了供应部经理后为什么就这样消极起来了呢？他对自己进行了深刻的反省，然后突然意识到一个问题：根源还是在部门调动。

其实，一开始，他自己就在无形中否定了自己，认为这次调动是降了职，但他慢慢发现供应部同样拥有自己的用武之地。当他意识到自己正在逐渐迷失时，发现这样下去十分危险，于是他开始重新调整自己，把精力投入到新的工作中，然后慢慢地发现供应部原来对整个公司来说有着举足轻重的作用。

袁林就这样重新找到了所谓的"工作意义"，一改消极拖沓的作风，重新找回了自信，工作也进行得如鱼得水，而且，袁林的积极态度也感染了下属，从而带动了整个部门的发展。

半年后，由于袁林的工作成绩突出，供应部获得总公司颁发的特别奖金。不久，袁林被升为公司的副总经理。

袁林受到一点儿打击之后就自暴自弃，迷失了自己的本色，这是危险的。好在他及时进行反省，认识到自己的迷失，然后很快找回了自己。不论在工作上还是在内心上，他都成功地挑战了自己。无论在生活中还是工作中，我们都应该保持一种适应环境、改造环境的积极心态，面对不良环境要勇敢挑战，然后在保持本色的同时充分体现自身价值。

屠格涅夫说："先相信你自己，然后别人才会相信你。"人无论做什么事情，都要有自己的主观思路，这样才能保持住自己的本色，不因外界因素而随便改变。对于别人的意见或者建议，可以听取，但是采纳与否，要根据事物的整体发展情况进行判断后再选择，不可盲目地听从他人的指挥，也不能一口否决他人的善意。

苏格拉底是伟大的哲学家，一群学者请教他："怎样才能坚持真理？"

苏格拉底手拿苹果，慢慢地穿越这群学者，一边走还一边说："请集中精力，注意嗅空气中的气味。"

然后，他回到讲台上，把苹果举起来左右晃了晃，问："哪位闻到了苹果的气味？"

有一位学者举手回答说："我闻到了，是香味。"

苏格拉底再次走下讲台，举着苹果，慢慢地从每一个学者的座位旁边走过，边走边叮嘱："请大家务必集中精力，再仔细嗅一嗅苹果。"这一次，除了一位学者外，其他学者都举起了手。

那位没有举手的学者看到了，也慌忙举起了手。顿时，苏格拉底脸上的笑容消失了，他举起苹果缓缓地说："非常遗憾，这是一个假苹果，什么气味也没有。"

没有坚持住自己观点的人是没有勇气挑战自我的人，即便他们没有闻到任何味道，但看到大多数人都举起了手，还是同样违背内心地举起手表示同意。

其实，自己的路要靠自己选择去走，这是在遵循自我，也同样是在坚持真理。所以，一定要坚持，不能因为别人的反对而动摇自己的信念，当你坚持住了，你就在挑战自我的过程中胜出了。

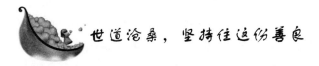

世道沧桑，坚持住这份善良

善良是中华民族的传统美德，是形成人类人格最重要的一个组成部分。古语说："人之初，性本善。"可见，每个人从生下来开始，心中都种下了一颗善良的种子。能否让心中善良的种子生根发芽，

163

苗壮成长起来，就要看他能否坚持住这份善良。

没有一个善良的灵魂，就没有美德可言。一个人若能坚持自己的善行善为，说明他心胸开阔、心气平和、为人厚道、富有爱心，这样的人当然也便能得到大家的爱戴和敬重。反之，则会变得自私自利、心胸狭窄，这样的人也必然会招来别人的厌恶。

善良不是一种施舍，也不应该随心情而定，善良应该体现在生活中的方方面面。

正如大家所知，伟大的科学家爱因斯坦惜时如金，更不喜欢别人的采访和画家。

这天，有一位画家请求为他画一幅肖像，爱因斯坦心中正想着自己的实验，因此如往常一样予以拒绝："不，我真的没有时间坐在那里等你画画！"

"我不会耽误您的时间的，我会尽我所能迅速完成您的画作！"那人祈求道。

爱因斯坦低头看了一眼画家，见他衣衫褴褛，眼神又十分真诚，好似十分迫切需要完成这幅画，于是，爱因斯坦立刻改变了态度："哦，这样吧，我想我今天可以为你破一次例，我就坐在这里等你画像。"

在时间和善良面前，爱因斯坦选择了善良。他以同情之心对待他人，然后站在他人的立场上考虑问题，并伸出援助之手帮助他人解决困难和问题，这就是善良。坚持自己的善良，就是在坚守自己做人的原则。无论你多忙，在碰到需要得到你帮助的人时，都应该挺身而出，哪怕会损失一点儿自己的利益，这是做人的原则。

善良不是怜悯或施舍。如果以怜悯或施舍的思想去行善，即使是帮助他人，那么也就变了味儿。用一种怜悯或施舍的心态去行善，就是把自己当成了强者，把别人当成了弱者，比如爱因斯坦看出近乎行乞的画家其实是需要钱而不是需要这幅画，但他并没有为了节省时间而施舍他一些钱，反而坐了下来让他画自己，哪怕这样浪费了自己宝贵的时间。这样的行善，既不伤人自尊，还帮助了人。

善良应该是真诚的，而不是单纯把剩余的、无用的财物施予别人。不真诚的善良，与其说是在帮助人，不如说是在满足自己的荣誉心，这样的善良是变了味儿的。

善良的人还能成人之美。哪怕是自己不能做成的事，如果可以成就他人的，就尽力成就他人。即使是与自己不相关联的事，只要对他人有益，也应该尽力成全。

世道沧桑，唯有善良不可变，只有做到这点，你才能算是合格的。一位科学家经过几十年的实验研究，写出了一篇论文，他很自信地认为这篇论文一经发表，定然会轰动全世界。然而，正当他在联系出版社时，一位"好心"的朋友告诉他，另外一位科学家已经申报了这个题材，而且论述与他的极其相近。

在同一个研究领域，相同的论文对于另外一方无疑是十分不利的。于是，这位科学家权衡了半天，认为另外一位科学家年事已高，应该成全对方。随后，他不但没有发表自己的论文，还大方地把自己的论文拿给对方做参考。

这样的成人之美就是一种善心，科学家所表现出来的是无私的奉献，这不但坚持住了他的原则，保持住了他良好的人品，还为学术界带来了一股正义之风。

一位正在田地里耕种的农民忽然听到一阵微弱的呼救声。这时，有个村民在地头大声地招呼他快回家，说他家的儿子被人欺负了，说完，那人就急匆匆地走了。农夫心里一着急，放下锄头就要回家。可这时，他又听到了微弱的呼救声，农夫这下陷入两难了，一边是自己的儿子被人欺负，另一边却听到了呼救声。

然而，过了半秒钟，农夫还是决定先救人，于是他追踪声音仔细聆听，终于辨清了方向，并立刻赶过去，原来是一个少年被挂在半山腰的树杈上。见到这种情形，农夫立刻放下锄头，奋不顾身地将少年救了上来。

少年已经奄奄一息，于是他又把少年带回自己的家中，并请医生给他看了看病情。在农夫的精心照顾下，少年恢复了意识。几天后，一辆豪华的小轿车开进了农夫的家中，一位贵气十足的老板下了车，几乎跪在了农夫的面前，感谢他搭救了自己孩子的性命。农夫连忙摇头，说这件事不足挂齿。

"听说，您还不顾自己的孩子被人欺负，跑去救我的孩子，这该

第九章　世事无常不要紧，保持本色最重要

让我怎么报答您呢？我想给您一笔酬金！"农夫听了吓了一跳，急忙说："我不要你的报答，我不能因为做了一点儿事情就要酬金。再说，只要是个有良心的人，都不会见死不救的。"

被救少年的父亲继承了一个家族企业，是一个大集团的老板，儿子出了意外又得救，他若不能施以感谢，心里一定过意不去。最后，这个大老板说："不如这样吧！我想让您的孩子到城里读书，一切费用由我出。让他接受良好的教育，这您总能接受吧！如果您还是觉得不好意思接受，大不了等他学有所成之后到我的公司来效力。当然，如果不愿意，他也可以另外找工作。"

于是，协议达成了。10 年之后，农夫的孩子大学毕业并参加了工作，还开始对家乡的小学进行捐助，虽然数额有限，却带动了很多人，于是许多人开始了资助家乡希望工程的行动。

不论哪个时代，不论时代怎样变化，善良都是人们心中不可改变的东西。就像那位农夫一样，他在关键时刻坚持了自己的善良，结果使得善良一代一代地传承了下去。

坚守诚信是做人的根本

关于美国的情人节、圣诞节，很多人都知道，但很多人却不知道，每年的 5 月 2 日，美国威斯康星州的公民都要庆祝一个特有的节日——诚实节。传说，这个节日是为了纪念一个年仅 8 岁的男孩。

一个名叫埃默纽·旦南的男孩，在他 5 岁时，父母双亡，成了无依无靠的孤儿。后来，他被送到福利院，又被一对没有孩子的夫妻收养。这对夫妻开着一家小酒馆，生活富裕却性情暴躁。

在他 8 岁时的一个晚上，男孩刚刚睡着，就被楼下一阵敲打声惊醒了。他急忙下楼，居然发现自己的继父继母正在谋杀一个寄宿在自家酒店的小商贩。男孩被吓呆了，他几乎不知道自己是怎样回到房间的。

第二天一早，继父走到他的床前，让他在警察面前说谎，以制造自己不在场的证明。男孩又害怕又愤怒，他说自己看到了昨天晚上的情景，他要向警察坦白。狠毒的继父继母见男孩不肯说谎，就把他的双手吊在梁上，用柳条抽打他，逼他说谎。在抽打了两个小时之后，男孩已经意识模糊，但他还是回答："爸爸，饶了我吧，我不想说谎。"最后，这个坚守原则的小男孩竟被活活打死了。

这件事后来真相大白，市政府为了嘉奖男孩的勇气和精神，为他建造了一块纪念碑和一个塑像，纪念碑上写着："怀念为真理而屈死的人，愿他在天堂永生。"以后，每到这天，人们都会庆祝这个节日，以提醒自己坚守原则、保持诚信，为真理而活。

诚信是一种美德，更是做人的原则。人有信，则他人信；人若不诚，则立足不稳。很多人懂得这个道理，却坚持不了守信。很多人认为，一个人太执著坚持自己的诚信会被人嘲笑，却不知道最终他一定会被生活嘉奖。因此，待人就应该以诚信为本，不虚美、不隐恶、坚持真理、求真务实。

宋朝丞相张知白向朝廷推荐年轻的晏殊。朝廷召晏殊来到宫殿，正逢真宗皇帝殿试，就命令晏殊参加考试。晏殊见到试题后说："我在 10 天前已做过这首赋，请皇上另出别的试题。"他的诚实博得了真宗的喜爱。

之后，晏殊担任了官职。有一天，太子东宫缺官，内廷批示授晏殊担任，主事官不知道是何原因，第二天，皇上对主事官说："近来听说馆阁里的官僚没有一个不宴乐玩赏的，只有晏殊与兄弟埋头读书，如此谨慎持重，正可以担任东宫官。"晏殊接受了任命，皇上又当面向他说明了任命他的原因，晏殊听了之后说："臣下不是不喜欢宴乐和游玩，只不过是因为贫穷而玩不起。臣下如有钱，也会去玩。"皇上听后，对他的诚实备加赞赏。宋仁宗时，他终于做了宰相。

虽然有些实话可能会引起对方的不快或误会，但终究会被人理解，博得对方的信任。诚信是待人处世的绝妙法宝，对人诚实，你可能会付出一定的代价，但日后你得到的将远比付出的多得多。

诚信是人世间最珍贵的宝物，是每个人都应当坚守的伟大情操。就算是向人诚实地承认自己的错误而受到严厉惩罚，你也应该这样

第九章 世事无常不要紧，保持本色最重要

167

做；因为做人理应如此。诚信是一个人的灵魂，这毋庸置疑。

我国古代有曾子教子的故事。曾子的妻子要上街，可她的孩子哭着要跟她一起去，于是妻子没有办法，就哄小孩说："你在家里玩，妈妈回来杀猪给你吃。"当妻子上街回来，曾子就要抓猪来杀，妻子拦住他说："我跟小孩说着玩的，你怎么当真了？"曾子说："对小孩不能说假话。小孩无知，要跟父母学，听父母的教导。你如今欺骗了他，就是教他欺骗。而且，为人母的欺骗小孩，小孩以后就不会再相信母亲，那么以后我们还怎么对他进行教育呢？"于是曾子还是坚持把猪杀了。

美国的林肯总统也赞赏诚信的行为。在南北战争期间，有位姑娘要求林肯总统开一张去南方探亲的通行证。林肯说："那你准是个北方派，可以去那里劝说你的亲友。"姑娘回答说："不，我是南方派，我将去鼓励他们坚持与你战斗，让他们不要悲观失望。"林肯有点儿不悦，说："那你还来找我干嘛？"姑娘镇静地说："总统先生，我在学校读书时，老师就给我们讲诚实的林肯的故事，从此我下决心要学林肯，一辈子不说谎。我当然不能为了要获得一张通行证而改变自己说话做事都要诚实的习惯。"林肯觉得姑娘言之有理，便答应给她开通行证，在一张卡片上写了这几个字："请让持本卡片的姑娘通行，因为她是一个信得过的姑娘。"

诚信无时无刻不在，不管历经多少年，不管在哪个国家、哪个地区，人们都应该坚持自己的诚实信用，这是做人的原则。

然而，在现实生活中，许多人认为没有必要对别人那么认真，做事情也该"灵活应变"，殊不知，往自己的脑中灌输这种观念就相当于磨灭良心。更有的人，把骗人当成骄傲，自作聪明，把对方当成傻子。

为人处世本来是心灵互换的一个过程。在这个过程中，只要一个环节出现了"脱节"的情况，那么，换来的结果不会是双赢，也不会是"单赢"，只会导致人际关系的枯竭。

高山云的家庭经济十分困难，在艰难的条件下，他还是选择上大学这条路。之后，高山云开始在大学勤工俭学，并申请到在学校食堂洗盘子。食堂负责人告诉他，如果表现得好，就长期让他做这

168

份工作。

　　随后，管理员交代了清洗的程序，就让他开始工作了。洗盘子的工作是计件的，不是计小时，也就是说不限时间，洗得越多越挣钱。但食堂有严格规定，每个盘子必须用清水冲洗 3 遍。

　　高山云开始照管理员的话做了，但他发现这样做十分耽误时间，而且他认为，冲洗盘子只要一遍就够了，洗得多也是浪费水资源。这样一来，高山云就试着减少了一次冲洗，于是他明显洗得比别人快，工钱也挣得多了。

　　后来，他认为只要一遍洗得仔细，根本用不着再清洗第二遍。于是他又开始减少了一遍。终于有一天，他洗盘子的过程被管理员看到了，经过测试，他洗的盘子果然达不到标准，于是，食堂负责人质问他为什么不按规定办事。高山云回答说："都是高温消毒的，洗一遍不就够了吗？"经理说："这样规定自有道理，你这么做间接地欺骗了顾客，践踏了顾客对你的信任，也使我们食堂丧失了诚信，所以你不适合在此继续工作。"

　　此后，高山云不讲诚信的名声慢慢传开了，后来，同学们都很少与他来往了。

　　为了自己的利益而找一些冠冕堂皇的理由去欺骗他人，高山云的行为看上去情有可原，但实际上，在有良知的人面前只会暴露自己的不良品质。诚信是为人处世的标准，不管何时何地，都要坚守诚信，失去了诚信，你也就失去了做人的根本。

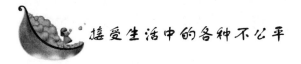

接受生活中的各种不公平

　　人的一生，不可能永远风平浪静，总是会充满大大小小的坎坷，总会有顺境和逆境穿插交织，因为事物发展的规律原本如此。顺境，也许是我们所渴望的，但逆境总会遭遇到，而且它普遍存在。困难面前，逆境之中，有人沉沦，有人振奋，彼此用截然不同的态度走出不同的人生。相同的际遇下为什么不同的人会有不同的命运？人的一生是充实还是虚无，生命之星是闪耀还是黯淡，关键在于我们对人生的态度。改变态度，接受生活中的各种不公平，将会改变你的一生！

人生只有三天：昨天、今天和明天。昨天或许辉煌，或许灰暗，但昨天毕竟已成过去。昨天的成就，昨天的颓废，不应阻挡今天前进的脚步。正如威廉·巴克莱说的："一个人如果只知道生活在过去，而失去了对未来的希望，那么，他的生命已经开始终结。"而对于明天，我们总会有太多美好的憧憬，但明天毕竟还没有到来。对于我们，首先要做的并不是去观望遥远的将来，而是去做手边的事，去度过愉快充实的今天，因为惟有今天，才是现实。

面对今天，正视现实，难免会遭遇挫折。遇到挫折时，我们往往会抱怨，抱怨老天的不公，感叹命运的多舛。但一味地抱怨解决不了任何问题，只会使自己陷入到更低谷。因为世界上原本就没有绝对的公平，而且，机遇只垂青于那些有准备的人。培根说过："顺境并不是没有许多恐惧和不安，逆境也不是没有许多安慰和希望。"辩证地看待其中的困难和不幸。与其抱怨，沉浸在痛苦中不可自拔，不如打起精神，去充实自己，只有今天振作了，明天才会成功；只有春天播种了，秋天才会有收获。不要因为自己的渺小而自卑。因为平凡者如同岸边的沙粒，夜空中的繁星。但是，平凡不等于平庸。再平凡的人，也要力争走出一个不平凡的人生。

21 岁的艾莉森在十几岁时发生了一场严重的车祸，险些丧命，她在医院昏迷 36 小时后奇迹般苏醒，但四肢全部瘫痪。

尽管已经四肢瘫痪，但她不服输的精神却点燃了希望的火焰。她以优异的成绩考入哈佛大学，成为哈佛大学首位四肢瘫痪的学生。毕业时，艾莉森还取得了心理学和生物学两个学士学位。

面对这些苦难，艾莉森时常鼓励自己说："这就是我的生活，我一直感到，不管我所面对的情况如何困难，我都应该坚持下去，自己拯救自己。"

网络中曾经很流行这样一句话："人生没有彩排，每天都是现场直播。"的确，时光不可能倒流，人生不可能重新来过。当我们打开历史的画卷，站在人生的十字路口，或许彷徨过，或许迷茫过。但是，每个人都是自己命运的设计师，生命蓝图如何描画，人生道路如何行走，最终还是要自己抉择，没有哪个人可以帮持我们一生。困难最终还得靠自己去去解决，逆境得靠自己去克服，障碍得靠自己去冲破。

古希腊塞浦路斯岛上，用真情感化了万物主宰的皮格马利翁终究是一个神话，但随着执著，伴着顽强，美好的愿望终会变为现实，美梦终会成真。遭遇前进路上的绊脚石，勇敢坦然地去面对它，尝试着去搬走它，不要被它狂妄的表象所击倒，用乐观的心态来看待问题。很多困难，许多挫折，其实并没有我们想象中那样可怕，只是我们把它想象得太可怕了。顽强的毅力也可以克服任何障碍。

曾经参加过两次世界大战的海明威，从 19 岁受到战争的蛊惑而参战的热血青年，到 45 岁勇猛沉着率军登陆诺曼底，从战争英雄到军事指挥，从战地记者到诺贝尔文学奖获得者，一生经历许多坎坷。曾经，表面风光无限。但是，在两次战争中身体受到了重创，也厌倦了战争的他，二战后开始正视自己，以写作为自己的职业，写下了《战地钟声》、《老人与海》等名篇，为我们塑造了一系列硬汉子的形象，而他自己也做到了《老人与海》中揭示的寓意"一个人生来不是被打败的，你可以消灭他，但你不可以打败他。"他不仅用自己的作品展现了挫折面前人们的积极乐观，也用自己的行动做到了这一点。

第九章　世事无常不要紧，保持本色最重要

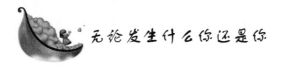

无论发生什么你还是你

不理睬某个人的或喜或悲，世界上该发生的事总会一如既往地发生下去，继续下去，难过不能改变我们什么，顶多会让我们在消极情绪中沉溺，而失去的事物很多都是可以通过努力失而复得的，所以无法发生什么都不要放弃自己，只要信念还在，就有希望。

有一个故事说一个少妇去投河自尽，被正在河中划船的老艄公救上了船。

171

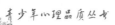

老艄公问："你年纪轻轻的，为什么要寻短见？"

少妇哭诉道："我结婚两年，丈夫就抛弃了我，接着孩子又不幸病死了。你说，我活着还有什么乐趣？"

老艄公又问："两年前你是怎么过的？"

少妇说："那时候我自由自在、无忧无虑。"

"那时你有丈夫和孩子吗？"

"没有。"少妇回答。

"那么，你不过是被命运之舟送回了两年前。现在你又是自由自在、无忧无虑的了。"老艄公回答。

少妇听了老艄公的话，心里顿时一片晴朗。

生活中很多情况就是如此，无论发生什么，我们都还是我们自己，我们并没有因为事情的改变而变成更糟糕的人，只要我们转变一下思考方式，改变一下看问题的心态，那么无论生活中发生什么事，我们都不会因此而失去希望，失去生存的勇气。

就像上述故事中的那位少妇一样，没有丈夫、孩子，日子、生活还是一样要继续下去的，没有他们的时候她能够很好地活着，现在失去了他们，她同样还能够好好地生活。

生活中我们每个人都难免会遇到一些让人伤心失望的事情，但是这些事情发生的目的并不是要从心灵上摧残一个人，也不是要告诉一个人他永远没有希望了，任何事情本身都是没有好坏之分的，关键要看在事情发生后，我们用什么样的态度去对待它们，一个因生活中所发生的事情而充满了愁苦和烦闷的人永远都得不到快乐，相反一个心中充满希望的人，无论做什么事，遇到什么苦难都能保持好心态，都能很好地生活下去。

比尔在一家夜总会里吹单簧管，收入并不高，然而，他却总是很开心，对什么事都表现得非常乐观。他常说："太阳落了，还会升起来。升起了还会落下去，这就是生活。"

除了工作以外，比尔最喜欢的就是车了，可是就凭他那点微薄的收入是买不起车的。和朋友在一起的时候，他总是说："要是有一部车该多好啊！"每当这时他眼中总充满了无限向往。于是就有人逗他说："你不如去买彩票，万一中了奖就有车了！"

于是他就真的花了两元钱买了一张彩票，幸运的是比尔果真中了个大奖。

比尔终于如愿以偿，他用奖金买了一辆车，整天开着车兜风，人们经常看见他吹着口哨在林荫道上行驶，车也总是擦得一尘不染的。

然而有一天，比尔把车停在楼下，半小时后下楼时，发现车被盗了。

朋友们知道这个消息，想到他爱车如命，都担心他受不了这个打击，便相约来安慰他说："比尔，车丢了，你千万不要伤心啊！"

比尔大笑起来，说道："我为什么要伤心啊？"朋友们疑惑地互相望着。

"如果你们谁不小心丢了两元钱，你们会伤心吗？"比尔接着说。

"当然不会！"

"是啊，我丢的就是两元钱啊！"比尔微笑道。

这不仅是一种胸襟，更是一种面对生活中的失意和不顺的积极态度，试想能够禁得起大悲的人，又怎么可能会因生活的悲伤而变得消极呢？只有我们首先从心改变自己，我们的生活才会随着我们的改变而改变，我们才能做最好的自己。

爱尔默·托马斯曾任美国国会参议员，他的少年时代过得非常不顺利。小时候，他长得太高了，还瘦得出奇。比起同龄人来，他在赛跑、棒球等体育项目上经常落后。同学们也常常为此而嘲笑他，为此，托马斯郁闷非常，他常常不愿见任何人，平时也不爱出门。

看着托马斯这样的状况，家人都担心他一辈子会无所作为，直到他妈妈看不下去了，开导他走出自己的世界，去开发自己潜能。之后，托马斯也开始试着改变，为此他转学了，到了一个全新的生活环境。

入学不久，托马斯通过教师考试，拿到了一份教师资格证书，可以去公立学校教书。随后不久，一个乡下学校以 40 美元的月薪聘请他去教书。随后他去买了一套漂亮的衣服。最后在母亲的敦促下，他参加了演讲比赛。这些事对当时的他来说，简直是不敢想象。曾经他连当众说话的勇气都没有，如今却可以面对数千名观众。最后，出乎意料的是托马斯得了第二名，并且赢得了一所师范学院的奖学金。

看过托马斯的人生经历，或许很多人都已经领悟了，生活不过是一个画板，要在上面涂上什么样的颜色，全取决于我们自己。之后生活中无论发生什么样的事情，无论画板上的色彩怎么随着岁月的变迁而变色，我们始终都是我们自己，我们都能决定自己生活的基调，都能把握自己生活的方向，关键要看我们自己怎么选择。

对自己说不要紧

第十章　孤独悲惨不要紧，心存希望最重要

　　谁都不希望有意外，但是你总要做好准备接受意外。何况孤身一人是人生最常出现的"意外"。

 将独行的人生之路走好

孤身一人是人在其一生之中最常有的状态。哪怕这一秒还欢声笑语、儿女绕膝，一家人尽享天伦之乐，或者三五好友把酒言欢、与朋友分享友谊的甜蜜，也不能阻止下一秒就面临众叛亲离、妻离子散的境况的可能。

谁都不希望有意外，但是你总要做好准备接受意外。何况孤身一人是人生最常出现的"意外"。只要时刻做好万事将要一人面对的准备，没有人帮你分担压力，没有人为你出谋划策，没有人时刻站在你身后，那么就一定能够挺过孤独的时刻，将独行的人生之路走好。

在哈佛公开课中，塔尔博士的"幸福课"被誉为对学生影响最为深远的课程之一。在第二堂"幸福课"上，塔尔博士给他的学生们讲述了一个"没人会来"的故事。

心理学家塔尔博士曾经召开了一个为期 3 天的研讨会。研讨会开得很顺利，到了第 3 天，快要结束的时候，参会者都表示自己学到了很多，向老师致谢，塔尔博士却向大家抛出了自己的重要观点："没人会来。"他解释道，在生命之路上，没有人跟我们一起，家人、爱人、朋友，没有人会来，我们只能是独行，我们必须为自己负责。

这时，一位参会者举手表示疑问："博士，可是事实并不是这样的。"

塔尔博士问他："为什么这样说？"

他答："博士，您来了。"

塔尔博士告诉他："是的，我来了，我来是为了要告诉你们'没人会来'。"一席话引得满堂哄笑。

虽然这个故事中的塔尔博士是以一种幽默的方式告诉大家"没人会来"这个道理，但是我们仍旧可以确定，在我们的生命里，的确"没人会来"，没有穿着闪亮铠甲的骑士把我们带到幸福的国度，

对自己说不要紧

也没有温柔善良的田螺姑娘在我们回家时做好热气腾腾的饭菜。

是的，不管这听上去多么残酷，它仍是我们必须面对的事实——没有人会来让我们的生活变得更加美好。

人生只能是独行，孤独将会是每一个生命的常态，我们所能依靠的也只有自己的一双手而已，用这双手去打拼、去获取自尊和他人的尊重，去获取幸福和为他人创造幸福。

当然，人生终将独行并不是说我们这一生就不会有爱、有情，相反，我们以一颗孤独的心灵去为他人创造幸福、正视自己的孤独并坚强对待，如此，总有一天会遇到另一颗孤独的心灵，彼此惺惺相惜、互相扶持。

影片《天使爱美丽》是许多人的最爱，影片的基调很温馨，结局也很圆满，但是看过的人都体会到了一种深深的孤独感。

故事从主人公艾米丽小时候讲起，所有的活动都是她自己在进行，她的整个童年笼罩在孤独中。童年的经历深深地影响着艾米丽成年后的生活方式，她独居，在咖啡店做女招待，喜欢尼诺却一而再、再而三地放弃与他相见。

直到将一位小男孩收藏的百宝盒还给已经变成老人的对方，艾米丽才发现帮助别人没有那么困难，才发现让别人进入自己的世界没有那么困难，于是她试着去与人交往、试着去伸出援手，终于变得越来越快乐、越来越勇敢，变成了天使艾米丽。

而她与尼诺也"有情人终成眷属"，两颗善良却孤独的灵魂彼此温暖，是多么美好的事情。

孤独的灵魂不光在艾米丽身上体现着，它就像一面镜子，我们每个人都可以从它身上找到自己的影子，因此这部影片才有了这么多口碑的传颂者。这部童话一般的电影让我们知道，即使我们的人生终将独行，依旧可以过得美满而温馨，因为决定我们一生幸福与否的命运之轮掌握在自己手中。

当人身处逆境时，最常有的状态便是"孤身一人"。假如人生的低谷来临，亲人、朋友纷纷离你而去，那就接受现实，把自己调整到最佳状态，这是人生的常态。

就如同狂欢是一群人的孤单，孤单也是一个人的狂欢。当你处

177

于孤独中时，可以最佳地释放自身能量的状态。尽情地去享受你一个人的狂欢、挖掘自身的潜力，让自身在孤独里开出一朵奇葩。

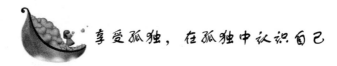

享受孤独，在孤独中认识自己

有些人将孤独等同于寂寞，为其涂抹上灰蒙蒙的颜色，仿佛处于孤独中就像坏天气一样让人心情晦暗、没精打采。这类人一般每日都在为了自身的得失而忙忙碌碌，一旦让他们置身孤独，的确会度日如年。

孤独是什么？这是一个"1000位读者心中有1000个哈姆雷特"的问题。心态决定一个人对孤独的解读。越是心平气和的人，越容易体会到孤独的美好和难得，越容易从孤独中挖掘出真正的自我。

现代人身处喧嚣闹市，却越发容易体会到孤独，然而也越少有人给予孤独以正确的理解。其实，孤独不可怕，只要正确理解孤独的心境，就能让自己的情绪得到正确的排遣和抒发。

有人痛恨孤独，是因为他们不懂得孤独的美丽。他们只看到了孤独映在一个人心上的孤孤单单的倒影，却忘记去看看孤独的真实面目。或许有人正在与孤独共舞，或许有人正在与孤独谈心，也或许有人正在孤独的境遇里创作着惊世巨作……

这是因为他们理解，孤独是一种绝美的心境。所谓"境由心生"，你想象中的孤独是美好的，它便是美好的；而你若想象孤独如同"屋漏偏逢连夜雨"，那它自然也就不可能"柳暗花明又一村"。

世界上有很多懂得享受孤独的艺术家、诗人、作家，他们将自己全身心地投入到孤独中去，在孤独中创造着伟大的作品。如果他们不是在孤独中拥有了一份淡定从容的心境，那么他们的确难以创造奇迹。

"大卫"可谓是雕塑界的一大奇迹。当别人问罗丹："请问您是如何创造出大卫的？"罗丹回答："很简单，我去了采石场，在那里，我看到了一块大石头，从大石头身上我看到了大卫的影子，剩下的任务就是把多余的石材凿掉即可。"

简单的一段话，包含了多少艰苦的工作。在雕塑"大卫"的几年间，罗丹忍耐着孤独，心中认定了"大卫"的诞生，所以孤独都变得甘之如饴。

谁说孤独不美丽？如果将孤独绘做一幅画，它不应该是阴霾的天空、凄厉的北风，而应该是于绝美的红尘之外远远地看着人世的浮华，沉淀出内心的宁静与祥和。

三五好友把酒言欢，自然是人生一大乐事。然而酒过三巡，好友各自散去之时，独自一人孤坐灯影下思索人生，又何尝不是一种难得的心境？

孤独是一种绝美的心境，享受孤独、认识孤独的幸福并非先天就有的能力，而是可以通过后天而得到的。

那么，我们如何去修炼内心，让自己拥有这种心境，避免自己一味地去琢磨孤独的苦涩，而忽略其另外一面的美好？

把小夜灯调到昏黄，冲一杯浓浓的咖啡，细细地品味孤独的魅力。也许你的心底会泛起淡淡的思念，也许你会想起几年前的一首小诗，也许你的心里干干净净，什么都没有想……但经过这样一场享受，相信你就会像刚做了一场心灵瑜伽，心底被绝美的孤独感填充着，久久地不愿走出来。

享受孤独就是享受那份绝美的心境，是一个人的舞蹈，在属于自己的舞池里晃动着腰肢，舞出最美的境界。

在静谧的孤独世界里，不必为人世的尔虞我诈而烦心，不必为日常的鸡毛蒜皮而皱眉，尽管让月光洗礼自己的身心，让自己沉醉。

身处孤独之中时，最容易看清自己，因为这时候的自己是真实的，没有浮夸、没有修饰。这时候，若是你愿意跟自己对话，定能充分地认识自己，无论是优点还是缺点，都能看得清清楚楚。

认清自己是成长中的重要一步。人只有认清自己，才能对自己有一个正确的评估，对未来有一个合理的憧憬，而不致对自己抱有不切实际的、过高的期望，反受其害。

在孤独中，人会自然而然地安静，更容易平和和冷静，从而有机会进行深刻的思考，思考自身，也思考自身与外界的关系。在聆听自己的心语时，对于自我的认识自然而然就清晰起来。

孤独有助于人进行自我沉淀，在沉淀的基础上又可以得到心灵的升华，这是孤独带给人的最有价值的部分。凡是有所成就的思想家，无不是在孤独中琢磨出了人生的真谛。作为普通人，我们固然不能发现什么真理或什么真谛，但在孤独的锤炼下，我们至少可以让自己的灵魂得到升华，这是每一个人都可以实现的。

孤独的最高境界莫过于灵魂的升华，在孤独中创造出一个新的内心世界，这实际上是最有意义和价值的创造，不知不觉中，你已在孤独中拥有了一切，拥有了灵魂的丰满，最终根本就体会不到任何孤独的感觉，相反会觉得自己是世界上最幸福的人。

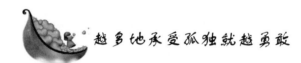

越多地承受孤独就越勇敢

在孤独中待得久了，必然容易产生消极心理，使一个精神百倍的人变得垂头丧气，完全失去了战斗力，这就是孤独带给我们的恐惧。然而，不是所有人在孤独中都会变成这样，有的人反而越多地承受孤独就越勇敢，最终成就一代霸业。

越王勾践败于吴王夫差，受尽了屈辱，住在茅草房，睡在柴火上面，每日都要品尝苦胆的滋味，以勉励自己不能忘了亡国之恨和屈辱的惨败。

然而，当他孤零零地卧薪尝胆之时，内心却已经在筹划着一场痛快的反击。这样的孤独并不可怕，因为这孤独酝酿着爆发，酝酿着不服输的精神，酝酿着勇往直前的勇气，最终，勾践灭了吴国，报了战败之仇，也挣脱了自己身上孤独的茧，赢得了一场别开生面的人生。

在孤独中的自我暗示和自我激励很重要。古人很早就告诉我们："不在沉默中爆发，就在沉默中灭亡。"既然已深陷孤独，还不如索性抛却恐惧心理，奋起勇往直前，背水一战的决心反而容易助你成就千秋大业。

张勤和宁海是一对好朋友，两人的家庭环境相仿，成长轨迹也十分相似，从小学、初中到高中、大学，两个人都在同样的学校就读。

长大以后，由于两人体育成绩良好，再加上专业的教育，这对好朋友都被选入了国家田径队。

刚开始，两人在国家队中表现得都不是很出色，但渐渐地，两个人的区别却开始显现出来。张勤自始至终对自己充满信心，环境的艰苦、训练的高强度、孤苦时无人诉说都没有打倒张勤，反而让他更加勇往直前。

而宁海却开始支撑不住，尤其是强烈的孤独感更是让他无法坚持，他开始出现各种顾虑，害怕家人对他抱有太多期待、害怕自己成绩不好，在队里更加没有人缘。害怕让他更加停滞不前，就这样，在孤独感的压迫之下，他失去了一次次锻炼的机会。

最终，张勤代表祖国出征，拿下了一块又一块奖牌，而宁海却提前退役，成了没有上过"战场"的逃兵。打败他的不是对手，而正是他自己，是他在孤独里的恐惧和无助。

其实孤独不可怕，可怕的是我们惧怕孤独。鼓起勇气冲出孤独，就能赢得精彩；而在孤独里左顾右盼、不敢前进，才是最应该恐惧的事情。

放眼去观察周围的人，就会发现有的人比我们优秀，但是追溯到几年前、十几年前，也许他们还不如我们。之所以他们今天的位置跟我们不一样，是因为他们比我们多一些勇气——冲出孤独的勇气。

我们曾经与他们在同一条起跑线上，当我们在为自己能否拿到冠军而发愁时，当我们为失败后别人的眼光而担心时，他们已经如离弦的箭一般飞了出去，谁先到达终点，摘得桂冠就可想而知了。很多时候，我们多想了一点儿，就落后了一步。

你看那搏击长空的鲲鹏，难道它不孤独吗？在万里长空中，只有它在展翅翱翔。然而它别无选择，不去勇往直前、扶摇直上，难道要学灌木丛中跳跃着欢腾觅食的燕雀吗？

甘于将自己埋没在孤独的情绪中不可自拔、没有勇气不去长空中试炼自己翅膀的人是永远也无法体会成功者的壮志豪情的，更无法拥有在9万里的云端俯视一切的视野。

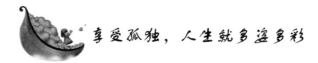

享受孤独，人生就多姿多彩

孤独的人生就一定是悲情的吗？

这很明显是个不成立的判断。孤独不等同于寂寞，相反，若是你愿意享受孤独，那么你的人生不仅不会寂寞，还会多姿多彩，有一个不一样的丰盈世界。

人生就是一个经受孤独的过程，谁能每天活在人群簇拥中？谁能每天在掌声的包围下？哪怕是至亲之人，有一天也将会离你而去。在这个世界上，每个人都是孤独的，只是每个人的孤独都与众不同，那些拥有丰富人生的人，必然是懂得如何享受自己的孤独的人。

俗话说："孤方能独，独才能与众不同。"这句话告诉我们，孤独恰恰是我们获得美妙人生的桥梁，是使我们飞驰的千里马。

耐得住寂寞，就能够拥有繁华。孤独是上天在赐予我们繁华盛世之前的历练，是我们取"经"路上必须经过的火焰山。只是，这次取"经"，取的是自己人生的真经，只能靠自己去获取，没有唐僧师徒的护驾，更没有观音菩萨的相助，凭借的是自己的一颗顿悟之心。

在取得"真经"、拥有繁华之前，学会享受孤独就变得非常重要。对于孤独，没有一颗甘于承认、愿意享受之心，则很有可能经不起孤独的"炼狱"，在繁华已近在眼前时先被孤独所击垮，与美好的明天自断情缘。

陶渊明辞官回乡，在桃源深处盖了一间茅草屋，每日扛着锄头去锄地，过的是神仙一般的逍遥日子。他孤独吗？政治上无人理睬，经济上也不算宽裕，朋友也没有几个，听上去他应该是十分孤独的，然而他却并不寂寞，陪伴他的有闲云野鹤，有脉脉的清风，有潺潺的流水，寂寞从何而来？

陶渊明享受孤独，在孤独中写出了无数部令其名扬后世的伟大诗篇，这样的孤独才有意义。正是因为他对孤独的享受，才让他的人生看起来并不寂寞，反而"热闹"非凡。

难耐孤独，是因为不知道如何面对孤独的境遇。享受孤独是一项重要的能力，是可以后天培养的。

独自一人时，学着让自己神思飞扬，当思绪在万里之外时，你自然会感到畅快；当一个人走在田野中，就看看蓝天白云、看看河水清清、听听鸟语、闻闻花香，你自然会感到诗情画意在胸中；当独自一人拿起案头的书，就让自己沉浸在其中，或喜悦、或忧伤，随着情节的起伏而调节情绪，又何尝不是一种放松和排遣？

享受孤独是一种苦痛。

享受孤独的人，这种苦只有自己知道，然而细细回味这种苦却仍有回甘。享受孤独就像品味咖啡，初时的苦让你印象深刻，恨不能立马放下杯子，但那种苦却有一种神秘的力量，苦味之上的芳香会诱导你继续往下喝，喝下去之后，婉转悠长的回甘就出现了，像披着纱衣的南海姑娘。这种苦让人心里舒服，让人上瘾。享受孤独，享受这种咖啡一般的苦涩是一次美好的品味之旅。

因此，孤独的苦并不让人难以下咽，如果你愿意尝试，就会发现其中百转千回方显得美好。让自己去享受孤独吧，就像品味咖啡一般。如果没有第一个人品味出咖啡的回甘，也许人类到现在都不会去喝咖啡这种苦饮料。

享受孤独是一种煎熬。

享受孤独的过程十分漫长，自然而然，有的人就会觉得备受煎熬，而这种煎熬不就是另一种形式的享受吗？当你备感煎熬，你恰好有着大量属于自己的宝贵时间，何不利用这些时间让自己尽情享受呢？

在孤独中煎熬，然后看到前方的晓日破云而出，内心将会有丰盛的感慨，于是这种煎熬也变成了一种必不可少的前奏和铺垫。

享受孤独是一种酝酿。

当你真正享受孤独时，你就会感觉到自己的脑海正在酝酿着什么，也许是一本书，也许是一首曲子，也许是一个美好的希望，总

第十章　孤独悲惨不要紧，心存希望最重要

之，你总会发现孤独的土壤里正慢慢地长出东西来。就好似春雨过后，土地上总会冒出新绿。孤独之中的酝酿也会让你有同样的惊喜和感触。享受孤独，也享受酝酿的过程。

享受孤独是一种等待。

孤独是漫长的，如果愿意用享受的态度去面对孤独，那么孤独的时刻无疑就是对于美好结果的等待。等待让人焦虑，但有时候，知道结果是好的，也会为等待这种行为平添浪漫的氛围。

总之，如果一个人愿意倾心享受孤独，内心其实正在经历丰富，这样的人生就不会寂寞。寂寞是内心的枯竭、是最荒芜的希望，能够享受孤独的人，就能让这份临近枯竭的心田重新覆满勃勃的生机。

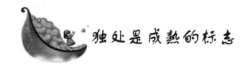 独处是成熟的标志

在现代社会中，人人都知道与人交际的能力的重要性，但人们往往忽略了与之相对的另一项非常重要的能力——独处的能力。

京华交友甚广，无论任何时候，他身边仿佛都围绕着一堆朋友。在朋友圈里，京华是绝对的主角，只要有他在的场合，所有的焦点一定都在他身上。他既善言辞又懂得体贴、照顾人，朋友们都很喜欢他。在大家眼中，他是个十分优秀的朋友，这一点从他得到的一系列奖杯与奖状就能看得出。

然而，突然有一天，京华的妈妈却带着他来找心理医生。妈妈说，京华与人交流绝对没有问题，但就是在自己独处的时候会变得心烦气躁、脾气无法控制。妈妈不知道这是什么原因，更不知道如何帮助京华改变，急得一筹莫展。

心理医生让京华做了个实验，所有人都离开实验室，测试当京华在独处时的心率变化。果然，所有人一离开，京华的心率就变得有些快，表面上看起来京华有些不知所措。

心理医生告诉京华的妈妈：这说明京华有些不知道该如何独处，因此他需要朋友们无时无刻不围绕在他身边，他需要在与朋友的交

往中找到自信、找到自己存在的价值。别人的洗耳恭听、别人眼中的崇拜表情都是让京华得以宽慰的因素，然而这些在京华一人独处时都看不到，他感觉不到自己存在的价值，因此就会变得暴躁，像变了一个人似的。

心理医生告诉京华的妈妈，唯一的办法就是让京华学着自我调节、多多引导他思考事物，而不是张口就说，凡事让他先思考 3 秒钟再出口，这也是一种短暂的心灵上的独处。

从此以后，京华就开始有意识地培养自己如何独处。慢慢地，他在独处中锻炼了自己的思维水平，在与人交往时便更加得心应手了。

从一定意义上来讲，独处的能力甚至比与人交际的能力更为重要，它意味着一个人是否成熟、是否能够独立承担责任。总之，不善交际固然是人的性格中的一大缺陷，而无法独处也未尝不让人觉得是个严重的欠缺。

能够独处并且安于孤独是一个人成熟的标志。成熟的人在独处时甚至可以使孤独产生生产力，让这片貌似贫瘠的土地上长出硕果累累，例如案例中的京华就是不知道如何让自己内心的孤独发挥作用，获得更加丰富的内心世界。

人在孤独中有 3 种状态：第一种是寝食难安、惶惶不可终日、不能安心思考，满心只是思谋着如何逃出寂寞、获得"新生"；第二种是能够渐渐习惯孤独，将孤独视作常态，不觉得苦涩，并能在孤独中建立起自己的行事规则和日常条理、懂得选择适合自己的方式，如听音乐、读书、写作、绘画等来排遣自己的寂寞；第三种是甘之如饴，将孤独视作上天赐予的礼物，在孤独中自得其乐，引发从未有过的对于人生和世界的深层次的思考。

独处是人生中难得的美好时光，是对自我感情的美好体验。独处时，会使人感到寂寞中有着充实，充实又会让寂寞变得无足轻重。

当我们独处时，会让自己从外界抽身，使自己的灵魂开始与自己对话，这时候再去拜读大师的著作，你会感受到与跟人讨论产生的不一样的心灵顿悟；这时候再去遍访名山大川，你会感受到跟与人结伴同游时不一样的情感升华；这时候再遇到什么事，你会发现自己的思维方式都变得与以往不同了，变得沉稳、冷静、决断。

了解了独处的妙处，你需要多多找机会锻炼独处的能力。独处的能力和与人交往的能力一样，也可以在日常生活中锻炼出来。

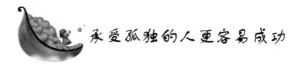

承受孤独的人更容易成功

历史上，李白曾豪迈高歌："古来圣贤皆寂寞，唯有饮者留其名。"他是孤独的；杜甫也曾咏叹："会当凌绝顶，一览众山小。"他亦是孤独的；司马迁用孤独书写了史家之绝唱——《史记》；孙武用孤独铸就了兵家的宝典——《孙子兵法》；忍受不了孤独地漫山遍野尝遍百草，李时珍就成就不了东方医学的鸿篇巨制——《本草纲目》；更有屈原，孤独一人忠心为国，最终一边吟唱着"众人皆醉我独醒，举世皆浊我独清"，一边孤独一人纵身滔滔汨罗江，一曲《离骚》成了千古绝唱。

这些流芳千古的历史名人都是成功的，纵使有些人在当时的社会郁郁不得志，巍巍青史也见证了他们生命的辉煌。

放眼当今社会，何尝不是如此？成功的人往往是那些承受得住孤独和寂寞的人。他们毅力超群，不在孤独的压迫下放弃自己的原则和本性。最终，命运向他们认输，为他们翻转生命的转盘，使他们获得人类生命意义上的伟大成功。

隋朝时候的隋炀帝也只能算是匆匆过客，因为他耐不住"孤家寡人"的寂寞，刚刚经历了建国霸业的杨广开始慢慢地变得十分残暴，7次对高丽用兵都惨败而归，穷兵黩武加上横征暴敛，老百姓苦不堪言，再也忍受不了自己的统治者如此暴躁的性格，各地农民纷纷揭竿而起，他们的起义风起云涌，甚至连隋炀帝手下的许多官员也纷纷倒戈，转向帮助农民起义军。因此，隋炀帝变得疑心更重，更加耐不得寂寞，更加暴躁。他对朝中大臣，尤其是外藩重臣更是易起疑心。

然而，当时的唐国公李渊（即后来的唐太祖）曾多次担任中央和地方官，他能够忍受一时的寂寞，到处结交有志之士。凡所到之处，必然会降低身价悉心结纳当地的英雄豪杰，多方树立恩德，因而慢慢地，他的声望变得很高，许多人都前来归附。

这样的情况日渐发展，李渊的实力越来越强，大家都开始替他担心了，怕他遭到隋炀帝的猜忌。就在这个时候，隋炀帝下诏让李渊到他的行宫去觐见他。由于李渊因病未能前往，隋炀帝很不高兴，多少对他开始产生了猜疑之心。当时，李渊的外甥女王氏是隋炀帝的妃子，隋炀帝就向她问起李渊未来朝见的原因，王氏回答说是因为病了，隋炀帝就又反问道："他会死吗？敢不来见我？"

后来，王氏把这个消息传给了李渊，李渊见隋炀帝开始对自己有了戒心，就开始变得更加谨慎起来，他知道迟早为隋炀帝所不容，但过早起事又力量不足，只好隐忍等待。于是，他故意败坏自己的名声，整天沉溺于声色犬马之中。而且还大肆向外张扬。隋炀帝听到这些，果然放松了对他的警惕。这一段时间可以说是李渊最寂寞的时候，然而正是忍受了这段寂寞难耐的生活，让自己的力量得以积蓄。这样，才有了后来的太原起兵和大唐帝国的建立。

古代的帝王称呼自己为"孤"，多少末代皇帝就是因为承受不住这一个"孤"字，失去了天子的威严和权力，而让列祖列宗金戈铁马打下的江山毁于一旦、横尸他人之手。

成功之后的孤独像是一个人起舞，既要接受无人伴舞的现实，更要做好无人喝彩的心理准备。只有在成功之后仍承受得住孤独，才能百尺竿头更进一步，取得更大的成功。

孤独是一把双刃剑，对于承受得住的人来说，它是通往成功的敲门砖，能让人脱俗、独立，在淡然的处世态度里得到自我的提升。而对于难以承受的人来说，孤独就像毒药，让人意志消沉、与世隔绝，拒绝自我提升和进步，也就离成功越来越远了。

承受孤独并不是每个人与生俱来的能力。人的耐力有大有小，那些承受得住孤独并最终取得成功的人也不是天生就有那么强的忍耐力。

总之，当孤独降临时，不要抱怨、不要逃避，更不要从此消沉，为自己鼓鼓气，承受得住孤独，也许你就将赢得你的人生中最大的

187

第十章 孤独悲惨不要紧，心存希望最重要

精彩。

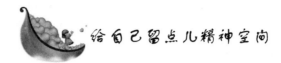
给自己留点儿精神空间

　　我们常听人抱怨，说自己没有空间、没有自我，而当自己有时间独处时，又开始抱怨太孤独、太寂寞。将自己的状态调整到让自己满意仿佛是一件十分困难的事。其实，不过是一个"度"的准确把握罢了。

　　很多人觉得孤身一人，漫漫长夜太难熬、独立做事太棘手、一个人旅游太孤单，这些都是害怕孤独的表现，然而在与人相处之余，我们总要给自己留一点儿时间去思考人生、品味人生，哪怕慢慢回忆和咀嚼人生，都需要自己的时间，如果把自己的时间都交给了觥筹交错、把酒言欢，哪里还有时间去总结、反思和进步呢？人毕竟是需要在自我总结中进行自我完善，然后才能进步和成长的，我们总要给自己一点儿时间，让灵魂去休憩和调整，否则难免会停滞不前。

　　举个例子，对于职业女性来说，上班要工作，下班要照顾家人，几乎是公司、家两点一线，没有自己的空间和时间。

　　职场的成功女性、能干的家庭主妇的形象固然重要，难道热爱生命的灵魂就不重要吗？人生的意义就不重要吗？自我的升华就不重要吗？

　　我们能做的，无非是给自己找一个"中间地带"，让自己可以自由地游走，或许是午饭后的半个小时，或许是睡前的40分钟，看看书也好，听听音乐也好，或者干脆发发呆、回顾自己前一段时间的生活，思考自己应该何去何从。

　　对于职业女性来说，或许这些时间是很"奢侈"的，但却是必需的。给自己一点儿时间，打造属于自己的空间，让自己的心灵和精神得到栖息，这是给自己最好的礼物，好过任何名贵的化妆品、衣服和皮包。

　　纪灵是一位职场女性，在深圳一家外企从事行政的工作。一开始，纪灵的工作并不在深圳，而是在上海一家不错的外企，为了和男朋友双宿双飞，纪灵放弃了高薪的工作来到深圳。然而，两个人的朝夕相处并没有让纪灵感到快乐，她反而越来越觉得窒息，甚至有一次还为了一件鸡毛蒜皮的小事和男朋友大吵了一架，男朋友也被她的坏情绪搞得心情很糟糕。

　　纪灵给自己最好的姐妹打了电话，讲述了自己最近的心结，说是不是自己不该来深圳，这步棋走错了？她的好朋友问她："你是不是自从来到了深圳，就形影不离地跟男朋友在一起？"

　　"那当然啦，我来是为什么来着！"纪灵觉得不置可否。

　　好姐妹说："那就对了，这是你内心深处的自己在跟自己抗议呢，怪你不留一点儿时间给自己，这样下去，不光你自己没有自由，还剥夺了你男朋友的自由，两个人都会承受不了的。建议你多给自己一点儿时间，逛街也好，看书也好，总之不要丢了你自己！"

　　纪灵听后，仿佛被人浇了一瓢冷水，一下子清醒了，她发现自己的内心深处确实是在抱怨，没有私人空间，没有属于自己的时间和自由，生活变得像一潭死水，没有了生机。

　　纪灵是个爽快利落的姑娘，找到症结之后，她就开始策划着改变，先是主动跟公司申请出差工作，还鼓励男朋友也多出去找自己的朋友参加聚会，不要老闷在家里陪她。

　　这样，纪灵找出了很多属于自己的时间，她报了瑜伽班、舞蹈班，培养了很多爱好，在公司与同事的交流也多了起来，工作很快有了成绩。

　　男朋友感慨于她的通情达理，与她的关系更加亲密了。

　　而对于纪灵自己来说，最为重要的是她知道了自己想要的是什么，知道了灵魂的意义，变得成熟了很多。

　　像纪灵这样的职业女性有很多，她们意识不到自己哪里有问题，只是一味地抱怨，还以为是夫妻双方或情侣双方感情破裂，不能从源头上解决问题，最后使矛盾愈演愈烈，糟糕到毁掉与对方的关系、毁掉自己。

　　其实，给自己一些时间，不是要你刻意去为自己安排时间，可

第十章　孤独悲惨不要紧，心存希望最重要

以利用给自己的时间俯拾皆是：一个人下班的路上，想想未来自己要做什么、要达到什么样的目标；做饭的时候，想想自己还有哪些书没有读完；或者找个时间写封短信寄给远方的朋友，在与人交流的同时也与自己的灵魂进行了沟通，何乐而不为呢？

罗曼·罗兰说过："真正的英雄主义是在看透了人生的本质以后还能依旧热爱生活。"我们赞成这样的英雄主义，我们更倡导在忙碌之余给自己留一点儿时间，在自己的精神空间里徜徉。

精神空间当然不是一个具象化的空间，但是它却是我们每一个现代人必不可少的空间，是我们灵魂的生活空间，哪怕自己的心灵可以在其中安静地休息片刻，它对每一个人来说也都是意义重大的。

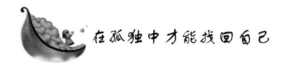

在孤独中才能找回自己

在孤独中才能找回自己，找到自己心中那个坚强勇敢的自己，这个过程就像涅槃的凤凰得到了重生。但如果处于孤独之中却不够坚强、忍受不了寂寞的折磨和残酷，因为寂寞而失去了很多东西，那么最后就只有听天由命、与世长辞。

在孤独中是否能够挺得住，决定了你以后是重生还是长辞。也许你正面对着重重山峦，无言以对、默默垂首，想哭也哭不出，只是一声接着一声地长长叹息。想睡也睡不着，翻来覆去，最后还是不得不披衣起床，隔着小纱窗正看到遥远的小山村里影影绰绰的灯光，于是感觉自身更加孤寂。

漫漫长夜如何熬过？漫漫人生谁来相伴？这种孤独的滋味谁来与你共尝？这些问题都没有答案，答案在你心里，也在造物主的手中。你能够挺过这份茫茫的孤独，造物主就会赐予你全新的人生。

无论多么痛苦的人生都有人正在体验。当你为自己买不上一套38平方米的小房子时，你可知道在某个小山村里，孩子们与教室正在风雨中岌岌可危，马上就要倒塌砸到里边上课的一个个渴望知识的心灵？当你正因为一场小小的病毒感冒而痛苦不已，可知道在遥远的非洲，有些难民正在饱受瘟疫的折磨？当你正因为自己每日挤公交车上下班而心情不好，可知道有人正每天凌晨 3 点起床，就为了翻越 6 座山头去上学？当你正在孤独中辗转反侧，不知道该如何熬过时，你可知道有人一生仅仅因为一失足而几乎在高墙内孤独终老？

所以，有什么孤独是挺不过的，总会有人比你经历着更痛苦的痛苦。只要你愿意坚持、愿意为孤独洒水，谁说孤独不会开花？当你重生时，就会知道当时在孤独中苦苦煎熬的时日有多么重要、多么值得珍惜。

汉朝时，史官司马迁因为著作言辞不当而遭受宫刑，被投入暗无天日的监狱，他的人生就像一盏烛火，戛然熄灭。但是谁也不曾想到，顽强的司马迁居然挺过了这场煎熬和侮辱，在黑暗中小心地呵护着最后一点儿温度，让那如豆的灯光再次摇摇曳曳地闪烁了起来。

在大牢里，司马迁坚持执笔写作，多年不间断，终于写成为后世带来极高考古价值的长篇巨著《史记》，这是人类历史上的奇迹。那漫无边际的孤独、艰苦的生活，还有身体所受的屈辱，简直非常人所能忍受，然而司马迁居然不仅挺了过来，还为自己的人生交上了《史记》这样一份完美的答卷。他的生命并没有因为这些痛苦而终止，而是活出了另一个全新的自己，达到了人生的新的高度。

有时候，看起来似乎没有任何一条道路能够帮助你摆脱困境，其实不是现实残忍，而是上天正准备给你一个崭新的生命，于是借助孤独来磨炼你，看你愿不愿意升华自己的人生，只要你的心里始终亮着一盏灯光，就可以借着那盏灯光的指引穿越黑暗、挺过孤独，最终走到幸福的彼岸。人生就是这样，只要你挺住，总会到达下一个终点，终点即是开端，崭新的人生就会铺陈在你的面前。

当你正走在漫长的孤独之中，唯有告诉自己再大的风雨总有停的一天，要抱定信念，太阳总会重新露出笑脸，只是时间的问题。你的生命不可能只是踽踽独行，不可能永远在黑暗的孤独中不知前方为何路，要给自己挺过孤独的勇气。有了勇气、坚定了信念，孤独对你来说就会变得不再那么难熬。心理暗示的作用是很重要的。

而实际上，孤独也确实是暂时的，生命的重生是一定会出现的。你付出多少，总会收获多少回报，只是看你能不能挺过付出或者失败带给你的苦楚。如果挺不过，自己就先溃败了，那么你该得的回报就无法在第二天抵达。

人的生命的长短由自己说了算，哪怕得了不可治愈的疾病，人都可以凭借精神的力量来延长自己的生命。因此，精神力量是鼓励自己走过漫长孤独的良药。有时候，即使你肉体上正经历着不可避免的痛苦，在精神上也要进行自我愉悦，否则还怎么继续人生之旅呢？如果只是以外在的痛苦为标准，每个人都能找到不再活下去的借口。

俗话说："家家有本难念的经。"你感觉大家都比你快乐和幸福，而实际上他们也都有各自苦恼的事情，只是你想不到而已。

有时候，你觉得生活难熬、日子难过，不如暂且忽略这些外在的痛苦，一时的孤独和无助算不了什么，引导自己多想想快乐的事情。当孤独过去，你会感激自己当时的自我"欺骗"和自我安慰。

当你处于孤独中，正好可以借机完善自身的各种能力，为将来新的生命的出现做好准备，有足够的能力去迎接新的挑战。

孤独是非常好的可利用资源，在孤独中，最不缺的就是时间，可以把你当时想练但没时间练的英语口语拾起来，可以一个人背个包去大好河山中做一个畅游的旅客，可以去培养兴趣爱好。总之，你有大把的时间可供你挥霍，既帮助你熬过了孤独的时光，又能让自己增长能力、提高水平，何乐而不为呢？

当你做好了迎接新的人生的准备，再借助转机，一下子就可以使得自己的生命刷新出新的篇章。

第十一章　经历痛苦不要紧，珍惜幸福最重要

　　我们总是担心失败，却不知道失败过后恰恰可以重整旗鼓，让一切换一个完全不一样的面貌。所谓"粉身碎骨，然后脱胎换骨"，不彻底地失败过，怎么从头再来？

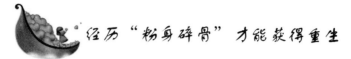

经历"粉身碎骨"才能获得重生

俗话说:"吃一堑长一智。"不在某个地方摔倒过一次,就不会知道再走到这里的时候该先迈哪一只脚。我们总是担心失败,却不知道失败过后恰恰可以重整旗鼓,让一切换一个完全不一样的面貌。所谓"粉身碎骨,然后脱胎换骨",不彻底地失败过,怎么从头再来?

那些成功者的案例似乎离我们很遥远,但其实他们就在我们身边,他们也是从普通人成长起来的,也是从失败中摸索出了巨大的成功,不能只看到他们今天非凡的成就就觉得遥不可及。

在某青少年劳教所有这样一个真实的案例。小刘从小就调皮捣蛋,上学以后更是变成了远近闻名的"问题学生",小小年纪便吸烟、喝酒,打架斗殴更是常有的事,很多同龄人的家长都拿他当反面教材来教育自己的孩子。小刘的父母是普普通通的老百姓,每天靠跑长途运输来维持生计,小刘的反叛让夫妇俩失望又无奈。

终于,小刘跟几个社会青年打架,被警察带到了公安局,警察打电话给小刘的父母让他们来领人。接到电话时,两个人正在外地运送青菜,听到消息后连夜往回赶,在高速公路上与人相撞,车毁人亡。

一夕之间变成了孤儿的小刘还是因为斗殴情节较严重而被关进了劳教所。巨大的打击把小刘懵懂的心智一下子打醒了,他悔不当初,觉得自己太不孝顺,对不起自己的父母,然而他知道后悔已经晚了,他唯一能做的,也最应该做的就是好好活下去,不再让死去的父母为他蒙羞。

从那以后,小刘像突然变了一个人,在劳教所里表现积极,出来以后也踏踏实实地学习。但是因为成绩落下了太多,小刘没有考上大学,他没有灰心,而是在县城里找了个卖菜的活计,因为勤劳能干,小刘很快就办起了蔬菜批发站,生意越做越大。

如今，这个活生生的案例还在劳教所里作为教科书一样被传播着。从失去了一切的痛彻心扉里，小刘才认识到自己人生的路该怎么走，虽然晚了一些，但总好过一辈子不能觉悟。

每个人都有不一样的人生低谷，也许是如小刘一样痛失亲人，也许是如一些商人一样多年的奋斗付诸东流，然而无论怎样，都是一个坎儿而已，迈过去了，你就会更加强大，迈不过去，你就永远停在原地，在悲哀里郁郁而终。

当人生突然遭遇不测，一切都不再按照你想象中那样去发展，你所能做的不过是将破碎的信念一点点重新粘起来，粘成一身新的铠甲，将自己武装成一个更强大的生命个体，强大到可以抵御下一次更沉痛的不幸。

除了外界的不可抗力使我们粉身碎骨，更有一种人愿意自我"粉碎"，以获得重生。在职场中尤其需要这股"粉身碎骨浑不怕"的冲劲儿。当你忘我地投入工作、不断地突破自身的种种不足、不断地完善自身，最后就能脱胎换骨，变成另一个能力更加卓越的自我。

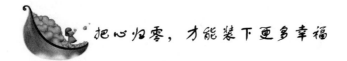

把心归零，才能装下更多幸福

"0"代表着空无一物，而正是一颗空无一物的心才能装得下更多的幸福。愿意把心归零的人，是有大智慧的人。

摩尔是美国一艘潜水艇上的观测员，有一天，他突然观测到风平浪静的海面上有一队日本军舰正向自己的潜艇驶来，速度很快，摩尔意识到事态不太对，为了躲避战舰的冲击，摩尔赶紧将潜艇下沉到了水下83米，生命面临着严重的威胁。待在水下可能会因为缺氧而死，而上去则躲不开日本军舰的搜索。

在生死未卜之际，摩尔突然想起了自己可爱的妻子，埋怨自己太不懂事，居然经常跟妻子吵架。多么幸福的家庭，自己却不懂得珍惜，实在是太不应该了。摩扣悄悄下定了决心，只要这次能躲过一劫，他一定要好好善待妻子，一定要认真品尝生命的幸福感。

经过了 15 个小时，摩尔终于可以在排除敌情后将潜水艇开上了海面。从此以后，摩尔真的践行了自己的承诺，特别珍惜与妻子在一起的时光，更加热爱生命。

如果不是摩尔经历过这一次几乎丢掉性命的劫难，他怎么也不会有机会主动地将心清零，去捡拾生命中原本有却不被自己重视的幸福。

而把心归零，实在是一种人生智慧。

有这样一个寓言故事，讲的是两把宝剑刚被铁匠造出来时长得一模一样，刀锋是钝的，又沉又笨。后来铁匠要磨剑，但其中一把无论如何也不愿意被磨掉自己身体的一部分。铁匠无奈，只好只磨了另外一把。经过许多天不辞劳苦的磨砺，一把寒光闪闪的宝剑就诞生了，挂在墙上十分吸引人们的目光。

第二天，这把宝剑就被人买走了，而那把没有被磨过的宝剑却一直孤零零地躺在铁匠铺里。没有人看上这样一把钝剑，尽管它用料更多，拿在手中更沉，但没有用处就没有市场。

愿意把心归零的人，就如同那把愿意接受磨砺的宝剑，会获得更多的幸福，为自己找到更大的价值。而我们在日常生活中却往往背道而驰，总是追求更多，仿佛追求得越多就越容易获得幸福。而实际上，研究表明，幸福与否与收入多少并没有直接关系，幸福本来就不是可以用金钱买到的。而实际上恰恰相反，很多收入较低的人，其幸福感反而更强，而那些有钱人则往往因为要考虑太多事而感到压力十分大，并没有多少幸福的感觉。

把心归零并不意味着要放弃一切。有人觉得把心归零就是放弃自己已经努力获得的成绩、地位、财富，那将会让自己感到更加痛苦，于是死死抓着不放，想着即使心理上感觉不到幸福，起码在物质上可以满足自己的需要。这种理解是错误的，把心归零并不意味着就一定要放弃一切，而只是在心灵层面上多反思自身的行为、去放弃一些不必要的人生负担。在不断地反思中，可以及时修正自己的目标，感受到更多的幸福。归零就意味着要雕琢自己的人生，把糟粕去掉，才能盛进更多的精华。

有时候，我们忙忙碌碌地工作和生活，却不知道自己为何而忙、自己的目标在哪里，每天只是碌碌无为地乱转，不分主次、没有先后，就像无头苍蝇一般。这样的生活哪有幸福可言？只有将自己归零，让自己有更多的精力去寻找幸福，才能发现幸福一直就在原处。

将成绩归零，让自己无时无刻不是重新开始，才能保持勇往直前的心，永远以最努力的状态出现在奋斗的路上。成绩只会成为我们的负累，拖着我们的步伐走不快。放下成绩，让自己轻装上阵，好过拖着沉重的包袱不能全身心投入。

将错误归零，不要让错误影响自己的前进。在反省过错时，就要学着丢掉那些不利于自身发展的因素，找到自己的不足、认真分析和反思自我，将错误的过往转化为自己的能力和经验，让自己变得更强大。

将烦恼归零，就是要放下烦恼。每一天醒来都要面临新的生活，烦恼都会随着前一天的逝去而逝去。对于那些不完美的事情，既然已经无法改变，就不必再烦恼，让自己保持清醒和简单的头脑，才能在后面的道路上轻装上阵、屡战屡胜。

将自己归零，就是要找到帮助自己缓解压力的方法，可以去桑拿房蒸桑拿、去健身中心游泳、去瑜伽馆练瑜伽，让自己在绝对的简单环境中冥想、与自己对话，找到最原始的自我，在面对困难时可以迅速地归零，以便重整旗鼓、全力迎击。

失去了才开始懂得珍惜

我们总是这样，失去了才开始懂得珍惜。逝者已逝，唯望此时的懂得还能够有所寄托。父亲去世，我们要懂得多放些心思在母亲身上，替已在天上的父亲好好照顾母亲，这样我们的懂得才有意义。

只有经历过失去的痛苦，才知道要去珍惜现实中所拥有的。有时候，我们应该回过头来感谢每一次失去。正是因为失去过春风，我们才知道珍惜嫩叶和萌芽；正是因为失去过阳光，我们才知道去

197

珍惜皎月和繁星。希望所有的失去都有其意义，让活着的生命更加懂得珍惜和感恩。

去年五月底，我因一场急性胰腺炎而入院十来天，医生说是因为平时生活太不规律，经常暴饮暴食所致。自从我从事营销工作开始，便长年出差在外，一整天在车上颠簸那是常有的事，再加上我嘴又挑剔，一般在中途不怎么吃东西，最多也不过是买点零食充饥，而一到目的地，就有可能因饥饿而大吃特吃，又因为经常应酬而饮酒过量，我想这就是倒致我疾患的原因。

在病中，因得控制胰腺，不能让它工作而导致疼痛，不但不能进食任何东西，也包括水，还得由鼻腔插一根导管至胃部，那股难受劲，我现在想来都有些后怕。而更重要的是那十来天里我都只能靠输液维持，那时候，看着临床的病友能吃东西我都觉得那是一件多么幸福的事情。是的，平时身体好好的，从来没觉得健康对我有多重要。

朋友来看我，看了病中我痛苦的模样，又听了医生对我病因的分析，她在病床前可是信誓旦旦地说以后一定得改变自己不规律的生活。可是事情过去一年后的今天，我基本上过上了正常而有规律的生活，而她生活依旧。

想是她早已忘记病床上我痛苦的模样。我时常会友好地提醒她，可她说她觉得自己身体挺棒。我想她是没有失去过，所以她不会觉得能拥有健健康康的身体是多么多么幸福的事情。而我只因那么真真实实地痛过，所以现在的我才懂得珍惜。

失去了才懂得珍惜，这是一句说来让人感觉心酸的话。我们当然不希望生命中有任何失去，但是很多事情不是我们可以操纵的，命运的车轮从不听我们的使唤，我们所能做的，是接受和感谢这些失去，让我们更加懂得珍惜，继续走好以后的道路。

失去的既然已经失去，我们就应该收回痛苦的心绪，将精力放到现在拥有之上。珍惜所拥有的也是失去留给我们的意义所在，如果不珍惜，我们现在所拥有的也会成为失去。没有什么人或事是可以永远环绕在我们身边的。人生就如同一道列车，乘客上车、下车，没有人可以永远与我们同行。我们所能做的也不过是在他们与我们同车的这一段路上好好珍惜这段时光，好好把握、悉心珍惜。

有些人对于未来永远充满憧憬，这样的人往往更会珍惜现在。未来是建立在现在的基础上的，每一个未来都值得好好地憧憬和规划，然后付诸努力。憧憬未来，又明知未来不可能是空中楼阁，那么自然会落脚到当前，用眼前的努力去创造美好的未来。

只有对未来充满憧憬的人才会懂得过去的失去的痛，也会更懂得珍惜今天的生活。过去、现在和将来，正如小品《小崔说事》里讲到的一样，是互相联系、一环扣一环的。失去过，才更应该把握当前，也更应该憧憬未来。

 放弃痛苦，才能换来一生幸福

多少痴情之人在感情逝去时难以接受，反反复复地折磨自己，兜兜转转走不出感情的迷局，直到芳华已逝，过去的都已不可追，才后悔不迭。

其实，面对不属于自己的感情或事物，不妨让自己跳出来，站在一个高度看看自己的处境，站在局外总是能看得更为清楚。既然它已经失去，就说明与自己无缘，又何苦紧紧抓住不松手？与其日日哭哭啼啼、折磨自己，活生生地错过下一场缘分，不如潇洒地放弃，重新开始新的情感旅程。

感情与任何工作都一样，也需要用心经营，然而不是所有的感情都只要用心就能经营得好。有些时候，你付出了自己的全部，却只是"竹篮打水一场空"。你难过的也许不是失去的这个人或者这份感情，而是你曾付出的真心。

逝去的既已不可追，还不如就放它远走，让整个世界看看你潇洒的背影。对于那些白白付出的真心，就当作是为了经营好下一场真正的缘分而交的学费，一场短暂的痛苦换来一生幸福，那又有何可惜？

丽丽是个痴情的女孩，在大学里遇到了自己的初恋男友，两个

第十一章 经历痛苦不要紧，珍惜幸福最重要

人一直牵手4年，却在毕业一年后因为分隔两地而产生了裂痕。男友另有新欢，青青千般祈求也唤不回曾经的感情。终于，一声裂帛，4年的感情灰飞烟灭。丽丽走不出失去男友的痛苦，情绪一度失控，开始学着抽烟、喝酒，把自己折磨得与以前青春活力的丽丽判若两人。

半年以后，丽丽出差到前男友所在的城市，两人居然在街头的咖啡馆偶遇，看着男友怀里娇羞的新女朋友，再看看未施粉黛、脸色蜡黄的自己，丽丽恨不得找个地缝钻进去。男友的眼中有着明显的难以置信和轻蔑，丽丽悔恨这就是折磨自己的结果，失去了自尊，唯一的好处就是看清了前男友的薄情。

回到自己的城市，丽丽仿佛活了过来，她知道自己不必再为这段不值得的感情折磨自己，女孩子若连自爱都做不到，还奢望谁来爱自己？

丽丽本就是姿色不错的女孩，稍稍保养就回复到了青春明媚的模样。她知道，自己身上发生的变化是因为从内心真正地放弃了过去的感情。

3年以后的同学聚会，丽丽带着自己的"白马王子"赴约。这次的"白马王子"温柔体贴，又踏实肯干，最关键的是不会让丽丽整日难过。丽丽暗暗觉得自己找对了人。

命运总是最会捉弄人，聚会上再见到前男友，他已经又恢复为孤身一人。原来的小女友把他毕业几年的积蓄全部骗光，人走楼空。风水轮流转，丽丽既觉得他可怜，又感谢自己当初的果断放弃。若是一直在失落痛苦的情绪中，怎么可能在最美的时候遇到自己的白马王子？

人是感性的动物，会在感情里付出真情是人之常情。然而，感性之余，理性也必不可少。我们除了要勇敢地付出真心之外，更要学会理性地对待感情、理性地认识自己的付出是否值得。当付出已经没有用，只剩折磨自己来换取对方的可怜时，那还不如拾起自己的自尊，勇敢地向前走，走出更美的未来。

若是折磨自己就能换回失去的感情，那还有争取的空间，但事实上越是折磨自己，越是遭人唾弃，那又何必？

对于情感的维护，折磨自己毫无用处，所有的努力不过是费尽心机让自己更难堪。折磨自己，就相当于在一层层地剥掉自己的自尊，让灵魂赤裸裸地暴露在外任人品评，这是多么大的屈辱？人生在世本就不容易，何苦折磨自己，让自己遭受的痛苦更深一层？

经历过感情波折的人往往会成熟很多，因为失败的感情所教给人的东西是从别的方面难以学到的。当我们赶赴下一场相遇，这些经验就会变成我们的资本和储备，在下一轮的缘分里收放自如，收获最完美状态的感情。

在遇到最合适的感情之前，我们总会遇到一些试炼。不一定现在所遇就是我们一生唯一的依靠，所以，我们要永远对未来充满信心，如此，总有机会遇到自己的白马王子或豌豆公主。

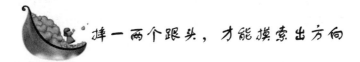

摔一两个跟头，才能摸索出方向

孩童在蹒跚学步时，总难免会跌跟头，一旁的家长往往会惊呼着冲上前把孩子抱起来，软言细语地安慰一番。本来孩子刚摔倒时还没有掉眼泪，家长一哄，眼泪立刻如断了线的珠子成串地落下来，这样的孩子往往学步要比同龄人慢，原因就在于家长夺去了他们大好的摔跟头的学习机会。

摔跟头对于孩子来说正是学习走路的好机会，孩子会从摔跟头中学习到应该如何站得稳、走得正。如果没有摔过跟头，孩子学会走路以后早晚还是会再摔一次，对于失败的实践有时候不可避免。

人生也一样，如果不经历风雨，就难见到彩虹，如果没吃过苦，就不知道甜蜜有多么来之不易，如果不摔跟头，就难以站得平稳。人生之路漫漫，谁都是在摸索前行，前方是绮丽美景还是豺狼虎豹，都不得而知，都需要我们亲自去走一走，摔一两个跟头，才能摸索出方向。

嘉华是一家连锁饼店，如今，它的生意已经在山城做得如火如荼、分店林立，可以与全国连锁相抗衡了。老板陈嘉华已经开始着

手向周边城市扩散、增加店面数量。

人人都称赞陈嘉华认准了市场、抢得了先机，在烘焙行业刚刚在中国起步时就抓住了机会，成就了今天的嘉华。然而，很少有人知道，嘉华在刚开始时不止摔过一次跟头，这么多年也是靠着摸爬滚打一点点地做起来的。

嘉华刚开始在山城开办第一家饼店时，当地的老百姓还只是接触手工作坊式的糕点产品，而老板陈嘉华心高气傲，决心要"教育"消费者接受西方的饮食习惯，便引进高端的烘焙西点，希望在山城能够刮起西式烘焙风。

然而，山城的老百姓们却不领情，20世纪90年代，普通的百姓家庭，谁会花十几块钱去买一盒小甜点啊？嘉华毁在了自己对于市场的盲目乐观上，一投产就遭受了打击。

陈嘉华这才开始往回收了收拳脚，总结自己的失败原因。经历了这一次跟头，嘉华转回裱花蛋糕的重点业务上，开始耐心细致地培养自己的忠实客户群体。两年以后，开始陆续成立分店。

但是到了2006年，在成立到30家分店时，嘉华的业务开始停滞不前了。恰在这时，外资高端烘焙品牌进驻山城，立马在烘焙行业掀起了一阵不小的购买风潮，无形中，嘉华的生意就受到了严重的影响。

陈嘉华心里毛了，看来随着时代的不断发展，饼店的经营思路也要与时俱进，如果总停滞在过去的发展思路上，饼店迟早会被后起之秀所打垮。于是陈嘉华马上运作转型，半年之内将嘉华的三十几家连锁店全部实现了升级，开始了复合式营销之路。

水吧和休闲区的增设为嘉华的二度发展立下了汗马功劳，再加上嘉华在产品品位上的提升和改良，不仅挽回了从前的忠实顾客，更吸引了一大批新的消费群体。近6年以来，嘉华一直保持创新，新的分店陆续开业，发展势头一片大好。嘉华的老板陈嘉华说："如果不是在企业发展初期的两次大跟头，嘉华也不可能慢慢摸索出今时今日适合我们自身发展的正确的道路。"

正如陈嘉华感谢其企业发展历程中的两次大的跟头，我们每一个人都应该感谢在我们的生命历程中曾经摔过的跟头。如果没有那些磕磕绊绊，我们就找不准今天的路。往回看需要感谢，往后看也是一样。在未来，也许我们还会摔跟头，没关系，爬起来拍拍身上的泥土，你能走得更稳。

之所以要感谢跟头，是因为跟头就像是我们的老师，它教我们懂得：如果这样走路就会跌倒，下次不可以这样走了。对跟头心怀感激，就是对自己的经历心怀感激。每个人都是在摸索中磕磕绊绊地走过来的，如果你发现自己越走越顺了，那么难道不应该感谢那些教给你如何去走的老师吗？

感谢曾经跌倒过的跟头，让那些跟头成为自己人生的记账本上最为宝贵的财富，小小的投资却为自己赚来了无数的利润。当跟头能够帮助我们不再摔跟头，才算有了它该有的意义。

我们常看到这样的场景：孩子蹒跚学步，不小心被一块石头绊倒了，家长赶紧冲过来一边哄孩子，一边拍打着石头说："都怨这块石头，我替你打它！"

这样的教育方式是不可取的，孩子跌倒了是自己的责任，而不应该将责任推给石头，更不应该拍打石头两下了事。每一次摔倒对孩子来说都是一次宝贵的学习经历，家长不教他"吃一堑，长一智"，反而将责任转嫁到石头身上，那么无疑是不利于孩子的成长的。

要教孩子去认识他为什么会跌倒。那里有一块石头，走过去会摔倒，那么以后就要绕开石头走，这样简单的道理，孩子一学就会。对于大人来说却有很多人不懂这样的道理，失败了只会去埋怨自己的命不好，不知道要去总结一下教训，下次不再在同一个地方跌倒。

孩子从没有摔过跟头却奇迹般地学会了走路，别不在意，他迟早会摔个大跟头；他做生意一直顺风顺水，别大意，他迟早会在生意场上狠栽一次。不要只看到表面上的平稳前行，也许平稳背后蕴藏着祸端。

平稳前行是获得成功的前奏，但若是没有栽过跟头的平稳前行，应该引起我们的高度留意，不要让它蒙蔽了我们的眼睛。

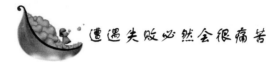

遭遇失败必然会很痛苦

失败是人生宝贵的财富，其意义比成功更重要。待成功之日再回顾人生，会发现失败是人生中最有分量的点缀。

且不提"失败是成功之母"的老生常谈，单单是细数那些获得巨大成功的人物，哪一个不是先经历了无数次的失败？爱迪生试验了 999 种材质才发明了电灯，照亮了人类的文明之路；居里夫人也是经过一次次失败，才成功地提取出了镭，让全人类铭记。

对于我们平凡人来说，失败也并不可怕，相反，没经历过失败的人生反而让人觉得枯燥乏味。如果一个人从出生开始就一直一帆风顺，那样的人生是多么悲哀！一生都不曾有任何挑战，想来也让人觉得沉闷。

如果说人生是一首乐章，那么失败就是其中不可或缺的音符。有了失败的或跳跃、或沉闷的音符，人生的乐章才有了节奏，才完整、才动听。

对于我们普通人来说，在写字楼的小隔间里朝九晚五也好，在城市的水泥骨架上添砖加瓦也罢，都是这个时代的创造者，是有血有肉的活生生的人类，那么我们就都有可能遭遇失败。也许这次的项目没有谈成，遭到老板的一顿训斥；也许哪个设计图出了差错，差点儿酿成大的工程失误，贻误工期；也许你的工作能力遭到了客户的质疑，以致差点儿被老板炒了鱿鱼。失败林林总总，却正是为我们的人生添了彩。等我们老了，回头看看逝去的岁月，这些大大小小的失败与成功一样，都会让我们铭记，让我们想起来时都有深深的感喟，多么值得纪念。

所以，你不妨站在自己世界的人口对失败说一声："欢迎光临！"它们是我们人生的贵客，无论以什么样的方式出现，都使得我们的人生更加跌宕起伏、令人回味。

失败像是人生的点缀，有它的时候，我们抱怨和痛苦，恨不得

对自己说不要紧

永不再见面。而一旦没有了它，我们反而又觉得人生太过空白，希望它可以偶尔光临，从而为生活添些色彩。我们究竟应该以怎样的心态去面对失败呢？

正确认识失败，就是要理解失败在人生中是十分正常的现象，没有失败的人生鲜而有之，没有失败的人生也不完整。我们首先要能够接受失败，才能正确面对和巧妙化解它带给我们的糟糕情绪和消极影响。

接受失败，不是要你放弃争取成功，而是要你坦然面对可能出现的失败情况，不致无法接受或情绪失控。失败并不可怕，出现了，坦然去应对即可。

遭遇失败必然会有痛苦，这时候就需要你有坚强的信念，什么风风雨雨咬咬牙都会过去，不需要怨天尤人。当你挺过最困难的时期，回头看时会发现那是人生中一段十分重要的记忆。在那段路上，你锻炼了自己的勇气和坚韧不拔的精神。如果没有那一段失败的经历，就不会有后来精彩的自己。

挫折期也是成功的孕育期。多多观察和总结挫折，可能会看出成功的"孕相"。总结和分析挫折，也有助于成功的"顺产"。咬住牙挺过最痛苦的时候，成功就会应声敲门。

失败常常能够给我们留下很多经验和教训。只有将失败的经历垫在脚下，你才能离成功更近，才算理解了失败的意义。失败是你追逐成功的道路上的一道道障碍，只有越过这个障碍，你才会知道下次遇到这样的障碍时应该如何规避才会更快地见到终点处的成功。

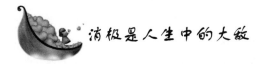

消极是人生中的大敌

每当遇到人生痛苦的时候，人们常常这样想："老天怎么总是和我对着干？""完蛋了，我肯定无法按时完成上司交给的任务了！""我怎么总是把事情弄得一团糟！"如果你想的是厄运和悲哀，那么悲哀和厄运就会到来。因为消极的词语会破坏一个人的自信心，不能给人以鼓舞和支持。

　　有这样一个故事：一个商人驾车出游，行驶在一条漆黑无人的小路上，突然轮胎没气了。四下张望，最后发现了远处农舍的灯光。他边向农舍走着边想："也许没有人来开门，要不然就没有千斤顶。即使有，主人也未必肯借给我。"他越想越觉得不安，当门打开的时候，他一拳向开门的人打过去，嘴里喊道："留着你那糟糕的千斤顶吧！"

　　这个故事看后令人发笑，因为商人简直是个神经病，主人还没做任何表态，他却先把自己打倒了，这就是消极思想在作怪。

　　消极是人生中的大敌，它严重地阻碍了我们走向成功的脚步。因此，凡事要往好的方面想。积极的想法可以为你提供巨大的精神动力和智力支持，可以促进你早日走向成功。

　　当消极的念头出现时，立即用一句"停止"的口令将它打消。在理论上，叫停是件轻而易举的事，但实际操作起来非常困难。要想做到这一点，必须拿出巨大的恒心和毅力。

　　杨立自幼丧母，由父亲抚养成人，从小到大一直活在"蜜罐子"里。这使得杨立严重地缺乏自主能力，以致做事时畏首畏尾。

　　如今，杨立在一家公司做事。他很倾慕部门里的一位女同事，很想约她外出。但他的疑虑使他踌躇不前："跟同事约会怕是不大好吧"，或"要是她不答应，那该有多尴尬啊"。

　　后来，在朋友的鼓励下，杨立打消了内心的忧虑，勇敢地向她提出约会。结果，她竟以怪罪的口气问他："杨立，你为什么这么久才来约我？"

　　一位经常被烦心事困扰的朋友这样描述他的经历："我晚上躺在床上总是睡不着，思潮起伏不定，一会儿想'我对孩子是不是有些苛刻？'一会儿又怀疑'客户打来的电话我是不是回了。'转而又想'明天老板又要交给我一项新任务，要是完不成可怎么办？'后来，我实在太心烦了，干脆不去想那些令人心烦的事，而是回想和朋友一起旅游时度过的快乐时光。想起他对着猩猩大笑的样子，我竟然不由得窃笑起来。不久，我的脑子里全是一些美丽的回忆，慢慢地就进入了梦乡。"

对自己说不要紧

刘芳第一次去看心理医生，开口便说："医生，我觉得你根本帮不了我，因为我实在是个很糟糕的人，老是把工作弄得一团糟，早晚会被老板炒鱿鱼。就在昨天，老板说要调我的职，说是升职。要是我干得很好，他干吗要调我的职呢？"

说完那些泄气的话后，刘芳又道出了自己的真实情况。原来，她在两年前拿了个工商管理硕士学位，而且有一份待遇优厚的工作。

事实上，她在工作上干得非常不错，但总是没有自信，认为自己欠缺的地方太多。消极使她陷入了自卑的境地。

针对刘芳的情况，心理医生要她以后把心里想到的话记下来，尤其在晚上睡不着觉时想到的话。在他们第二次见面时，刘芳列下了这样的话："我并不怎么出色，之所以有些成绩，纯属侥幸。""我明天一定会大祸临头。因为从没主持过会议。""今天下班时老板一脸的不高兴，我做错了什么呢？"

她坦诚地说："仅仅在一天里，我列下了 22 个消极思想，难怪我经常觉得疲倦，意志消沉。"

刘芳听到自己把忧虑和恐惧的事念出来，才发觉到自己为了一些假想的灾祸浪费了太多的精力。

如果你感到情绪低落，可能是因为你也像刘芳那样，总是在给自己灌输消极的观念。若是这样，建议你把内心的想法写出来。久而久之，你就会发现那些消极的念头毫无意义，慢慢地你就能控制自己的情绪，而不是被消极思想套牢了。那时，你的思想和行为就会发生很多的改变。

第十二章　抱怨记恨不要紧，尽力改变最重要

　　荀子说过："自知者不怨人，知命者不怨天，怨人者穷，怨天者无志；失之己，反之人，岂不迂乎哉！"抱怨是一种不良的习惯，是一个人无能的表现。

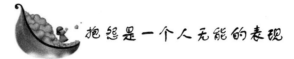
抱怨是一个人无能的表现

荀子说过："自知者不怨人，知命者不怨天，怨人者穷，怨天者无志：失之己，反之人，岂不迂乎哉！"抱怨是一种不良的习惯，是一个人无能的表现。

也许有人会说，有谁愿意抱怨啊？你是不了解我的痛苦！确实，生命的苦旅中有无数艰难险阻，甚至让人难以承受。但是抱怨又能怎样呢？当你看完了下面的故事，相信大多数人都会明白，我们甚至没有抱怨的资格。

2004 年 5 月的一个晚上，在 12000 余名听众雷鸣般的掌声中，一位"半身人"用双掌撑地，一步步地走上了青岛天泰体育场的主席台。

这个半身人来自澳大利亚，名叫约翰·库缇斯，天生没有下肢，但是他却用双掌走遍了世界上 190 多个国家和地区，被誉为"世界上最著名的残疾人演讲大师"。此外，他还是全大洋洲的残疾人网球赛的冠军。

"大家好！"打过招呼，库缇斯拿起了桌子上的矿泉水瓶子，边比划边说："从一出生我就是个悲剧，当时我只有矿泉水瓶这么大，两腿畸形，医生断言我活不过当天，可我活到了现在，35 岁的我依然健在，而且经常在世界各地旅行……"

库缇斯一口气讲了半个小时，其间，观众们的掌声几乎就没停过。最后，库缇斯突然举起手里的一件东西说："我非常感谢青岛朋友的热情招待，我住的宾馆条件非常好，但有一样东西让我不知所措，服务生每天都会把它放在我的床头。"说完，库缇斯把他说的东西扔向了听众席，原来是一双一次性拖鞋。

听众席一片肃静。

"如果你能穿拖鞋的话，你是幸运的，你是没资格抱怨的！不是每个人都能够穿拖鞋的！"库缇斯大声说。听众席上立即爆发出一连串的喝彩声，紧接着是长久的掌声。

哲人说："苦海即是天堂，天堂也即苦海"。想想真是如此，有时候我们明明生活在天堂，却总是觉得自己苦不堪言。而我们意识当中的苦海，却有很多人生活得不亦乐乎。这一切，其实都源自于我们的心态是否平和，我们是否足够坚强。

和库缇斯相比，你有没有资格抱怨？如果没有，还是及早放弃抱怨，学会珍惜吧！只要抛开那些无谓的烦恼和杂念，学着去适应、去发现、去感受、去改变，你一定会摆脱抱怨的束缚，发掘到幸福快乐的真谛。

法国作家罗曼·罗兰也说过："应当让人懂得。他是世界的创造者和主人，对于世间一切不幸他都有责任，生活中美好的东西、荣誉也属于他。"因此，面对工作中暂时不完善的地方，我们最好不要牢骚满腹，不要怨天尤人，不要像裁判员、检察官那样居高临下地评判、抨击和指责别人，而应当看到自己的责任，拿出实干的精神和勇气来。

对工作和公司产生种种抱怨情绪，甚至采取一些消极对抗的行动，这是人的一种正常的心理反应。但是，一味地抱怨，不仅什么都改善不了，还会失去更多的东西。

有一位资深人士准备到一家新公司应聘，在众多竞争者中他的工作经验最丰富，学历最高，工作成绩也最显著。经过复试，他本已脱颖而出，却没想到最终被录用的竟不是他。他很惊讶，到这家公司问个究竟，得到了这样的回答："的确，您的经验、能力是最突出的，但从您对您原来的公司的形容中，我们发现您是一个很喜欢抱怨的人。抱怨中午的工作餐不是人吃的，抱怨工作差、工资少，抱怨空有一身绝技却没人赏识……您口中的前公司那么差，而据我所知，我们两家公司的规模和体制差不多，我想您到我们公司来也一定会有同样的想法，所以……"

所有公司的领导都会认为，抱怨只是一种无能的表现。工作中不可能事事如意，也许暂时会有不顺，但不可能永远地不顺下去。只有将之化为动力，才能真正地提高工作效率，收到实际的效果，才会得到领导的认可。

211

某心理学家做过一个关于抱怨的心理测试，得出了这样的结论：如果你想抱怨，生活中一切都会成为抱怨的对象；如果你不抱怨，生活中的一切都不会让你抱怨。

有位成功人士说得好："就算生活给你的是垃圾，我认为，你同样能把垃圾踩在脚底下，登上世界之巅。"其实，这个世界只在乎你是否到达了一定的高度，而不在乎你是踩着巨人的肩膀上去的，还是踩在垃圾上上去的。何况，一味地抱怨不但于事无补，有时还会使事情变得更糟。所以，不管现实怎样，都不应该抱怨，而应该换种想法来思考问题，靠自己的努力改变现状并获得幸福。

比如，我们应明白骑在驴上才可以找马这个道理。现在这份工作的经验，是你开始另一份更适合你工作的垫脚石。没有一份经历是全然失败的，这份工作至少让你多了一个总结经验的机会，"他山之石，可以攻玉"。在不断的调整中才有可能寻找到自己的最佳位置，可前提是你得首先有个位置作为坐标。

不要浪费过多的时间在无聊的事情上。如果你的工作让你一点成就感也没有，那就赶紧想办法另谋高就，而不是不停地抱怨，抱怨不会提高你的口才，也不会让你得到什么有益的经验。只会使你浪费更多的时间。从而坐失更多的机会。

另外，不抱怨就是给自己良性的心理暗示。心理暗示的作用是非常强大的，我们都知道良性心理暗示的正面作用，可很少去想不良心理暗示的负面作用。当人忧郁、气愤、心情不佳时呼出的气体是有毒的，这个你知道吗？长期地抱怨会侵蚀你的生理与心理健康。如果你还没有学会给自己良性的心理暗示，至少你不应该用不良的暗示来迫害自己。

最后，也是非常重要的一点，如果你真的要发泄而抱怨，那么你必须要分清场合，看清对象，你可以和家人或知心好友说说，他们是真正关心你的人，会用心地倾听，并且可能会给你一些好的建议。切忌同那些交情一般且有工作关系的人去抱怨，否则，只会给你带来不利。

请记住：在工作中，没有什么是一成不变的，如果你不能适应，不能调整心态，就永远无法摆脱烦恼。一切都会变好的，你的生活也是美好的。对生活中的困难和人生中的困惑，只要你坚持乐观向上的态度，充满信心，咬紧牙关，少一点抱怨，多一些热爱，那么所有的美好都将属于你。

 时运不济时，不要抱怨

　　面对自己的时运不济，抱怨是人们最常采用的办法，它贯穿于人们生活的始终，就像纤维在绳子中无处不在，严重影响了人们的情绪。

　　抱怨的人们生活在一种抱怨的内心世界中，他们的想法、感觉、做法也常常会因为抱怨、争吵、吹毛求疵、批评而受到影响。出现差错时，他们大多数人的第一反应就是"该抱怨谁呢？"长此以往，抱怨不仅会给人们带来明显的压力和紧张，而且其过程也不时会微妙地影响到人们的想法和行为，最终使人们的情绪变得极度消沉。

　　当我们因环境所加予的各种各样的限制和干扰，而不能追求自己的理想时，我们不能灰心，也无权抱怨。我们需要尽量取得经验，耐心地生活、耐心地等待。

　　有这样一个不幸者的平凡故事也许能够佐证这个道理：有一个名叫邓伍的人，从小就双腿残疾，在父母眼中，这个儿子简直就是他们无法摆脱的包袱。

　　"他为什么不去死呢？"一天，邓伍听到父亲这样对他的母亲说，那时候他的家里很穷，有4个正在上学的姐姐，母亲无业，父亲也只不过是一个工厂里的普通工人。

　　"我不死，我只要求有一口饭吃。相信我，我能给你们带来好运！"邓伍听了父亲的话尽管心里很难受，但他还是用从未有过的沉稳这样回答了他的父亲。于是，他暗暗发誓要做个有用的人，腿不能走，他便选择了学习书法。

　　15岁的时候，邓伍所在的城市举办了一次书法竞赛，邓伍只得了个纪念奖，但他已经很满足了，他对家人说："等着吧，不用5

第十二章　抱怨记恨不要紧，尽力改变最重要

年，我就可以用这支笔来养活你们。"事实上，邓伍在他 18 岁的时候就已经满城皆知，20 岁的时候，他已是全省书法界的佼佼者了。30 岁的时候，他就用自己用字挣到的钱为父母买下了这个城市最宽敞、最漂亮的房子，还为他的姐姐们买了汽车，而且每年他给残疾人基金会的捐赠高达数十万元，可是一字千金的邓伍却执意不肯搬离他的老房子，他依旧在写，一年四季，从不间断……

邓伍的故事说不上曲折，更谈不上感人，就像我们身边的朋友，或邻家的孩子让人在淡淡的品味中，生出些许慰藉。是的，不幸是上帝的错误，而不是我们的。但是，要纠正这个错误，不是靠抱怨，而是要靠我们自己。

越王勾践忍国破家亡之痛，寄人篱下，仰人鼻息。他的遭遇即使在今天看来也是生不如死，而求死在当初的会稽山上是一件轻而易举的事，但那是懦夫的行为，因此，他还是勇敢地选择了活，表面上看这是没有气概的苟且行为，但实际上他骨子里却是韧劲十足的不屈不挠。"留得青山在，不怕没柴烧。"勾践卧薪尝胆的方式，为我们提供了很深刻的启示，当面临挫折、失败以至灾难时，我们究竟是该逃避、哀叹、抱怨命运的不公，还是永不放弃心中不灭的信念，以自信和勇气让一切从头再来？

究竟什么能使一个人成功？你可能会说，你的人生不取决于自己，而是被一些自己不能选择也不能控制的外界力量等因素所影响，而那些成功的人，是因为他们有机会。其实机会不会从天而降，而是积极的自我意识为核心的信念促使你去争取成功。一个人不可能总是一帆风顺的。在时运不济时，永不抱怨的人才有成功的希望。

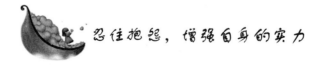

忍住抱怨，增强自身的实力

不管我们在生活、工作中遇到什么样的困难，正在经历什么样的挫折，承受了多么大的委屈，让我们永远不要抱怨，因为抱怨是毫无意义的，只有忍住抱怨，不断地增强自身的实力，你才能立于不败之地。

小男孩只有 7 岁，父亲派他去葡萄酒厂看守橡木桶。每天早上，他用抹布将一个个木桶擦拭干净，然后一排排整齐地摆放好。令他抱怨的是：往往一夜之间，风就把他排列整齐的木桶吹得东倒西歪。

小男孩很委屈地哭了。父亲摸着孩子的头说："孩子，别伤心，我们可以想办法去征服风。"小男孩擦干了眼泪，坐在木桶边想啊想啊，风为什么把木桶刮倒呢？也许是重量不够吧。想了半天，他终于想出了一个办法，小男孩去井边挑来一桶一桶的清水，然后把它们倒进那些空空的橡木桶里，然后他就忐忑不安地回家睡觉了。

第二天，天刚蒙蒙亮，小男孩就匆匆爬了起来，他跑到放木桶的地方一看，那些橡木桶一个个排列得整整齐齐，没有一个被风吹倒的，也没有一个被风吹歪的。小男孩高兴地笑了，他对父亲说："要想木桶不被风吹倒，就要加重木桶的重量。"男孩的父亲赞许地微笑了。

人生也是如此，我们可能改变不了风，改变不了这个世界和社会上的许多东西，但是我们可以改变自己，我们不去抱怨任何外界环境，而是给自己加重分量，这样我们就可以适应变化，不被打败。

楚汉战争期间，刘邦屡败于项羽，最后兵困荥阳，处境危在旦夕。

正在这时，刘邦的部下韩信在北线却捷报频传。

随着军事上的节节胜利，韩信的政治野心也逐渐膨胀起来。他派人面见刘邦，要求封自己为王。刘邦一听，便怒不可遏，当着信使的面抱怨道："我久困于此。日夜盼望韩信前来相助，想不到他竟要自立为王。"

此时。张良正坐在刘邦身边，急忙附耳说道："汉军刚刚失利，大王有力量阻止韩信称王吗？不如顺水推舟答应他，使其自窃，否则将会产生意外之变。"

刘邦立即心领神会，话锋一转，反改口骂道："大丈夫要做就做个像样的王！"刘邦原本爱骂人，这一骂不足为怪，况且前后两语衔接不错，竟也没露出什么破绽。

不久，刘邦派张良作为专使，为韩信授印册封。刘邦忍住了自

215

己的抱怨，从而不动声色稳住了韩信，为汉军日后十面埋伏，击败项羽作了准备，最终成就了一番大业。

在生活和工作中，多一些努力，少一些抱怨，你更能得到他人的认可，同时能够充实自我，学到更多的知识与技能。

齐晖大学毕业后，就进入一家出版社，在编辑部工作，他人活泼机灵，又十分热心，同事们都知道，有事找齐晖，绝对没二话，什么活齐晖都不会抱怨。出版社的工作很忙，老板又不愿增加人手，所以编辑部的人有时还要兼顾一些发行部的工作。其他的人多干一些活就提出抗议，怨声载道的。只有齐晖像旋转不停的陀螺，却总是乐呵呵的，指挥他做什么事，他二话不说就去做。甚至是那些搬书、装书的力气活，齐晖也从来不抱怨，有同事悄悄对齐晖说："图什么呀？又不给加工资，你是一个编辑，他这是拿你当苦力啊！"齐晖却只是一笑："能忍则有益！"同事摇摇头。

后来，齐晖成为老板支使最多的人，他像每个部门的临时助手一样，一时人手不够，连员工都知道可以去叫齐晖帮忙。取稿、跑印刷厂、邮寄、直销……所有的业务流程齐晖全程都参与过。

渐渐地，齐晖熟悉了出版社的整个运作状况，几年之后，他成立了自己的文化公司。那些"忍耐别人"时锻炼出来的经验，帮了他的大忙，他一上手运作，便很快地进入了状态。

年轻的时候，阅历浅、经验少，尚不是计较报酬高低的时候，要知道，这时候你人生的一切都是雏形，你不断学习、开拓，才能让你自己更快地成长。你做一件事，就是为自己累积一些人生的经验。忍耐别人支使你的那些抱怨，有机会多干一点活，正是对你最好的锻炼。

任何一个人，只有看清自己的分量，在一切可能的情况下，忍耐抱怨，补充自己的实力，加重自己的分量，在未来激烈的竞争中，才有立于不败之地的实力。

与其抱怨，不如尽力改变

在生活中，总有一些人喜欢抱怨，整天抱怨这件事不可能做到，那件事也不可能做好，却不知只要时时处处善于用心，灵活变通，愁事可以办成喜事，难事可以办成易事，不利之事可以办成有利之事，难堪之事可以办成愉悦之事。

古希腊有这样一则故事：

凡是来到弗里吉亚城的朱庇特神庙的外地人，在被引导去看戈迪阿斯王的牛车之后，都会交口称赞戈迪阿斯王把牛轭系在车辕上的技巧。

"能打出这种结的人实在是太了不起了。"人们常常这样赞叹。

"你说得没错，但是更加了不起的要属能解开这结的人了。"庙里的神使总会这样回应。

"为什么呢？"

"虽然戈迪阿斯不过是弗里吉亚这样一个小国的国王，但是能解开这个结的人将把全世界变成自己的国家。"神使回答说。

听了神使这么说之后，每年都有很多人来看戈迪阿斯打的结。各个国家的王子和政客都跃跃欲试，想打开这个结，可他们总是连绳头都找不到，根本就不知从何下手，只能望"结"兴叹，抱怨自己没有戈迪阿斯聪明。

几百年之后，年轻的国王亚历山大也来到弗里吉亚。他曾经征服了整个希腊，率领不多的精兵渡海到过亚洲，并且打败了波斯国王。

"那个奇妙的戈迪阿斯结在什么地方？"亚历山大问道。

于是众人将亚历山大领到朱庇特神庙，那牛车、牛轭和车辕都还原封不动地保留着原样。他看了一眼那个结，立即拔出随身佩带的剑，随手一挥，绳子应声落地。

百年难解之结就这样在一瞬间被解开了！

217

难办之事竟然也会这么轻易办成！其实，这种解开绳结的方法是多么简单，然而又是多么有效，一切就只在于能否懂得变通，而不是抱怨自己。我们举目四顾，拥有这个世界的人哪一个不是敢于变通的人呢？而那些只会抱怨的人又如何呢？

政治家的理想是安邦治国，孙中山在推翻清王朝的前期，天真地认为只要自己有钱，通过金钱援助地方的军阀，就可以把清王朝推翻。所以他首先将自己在美国的家产卖掉，再通过向华侨宣传，募捐经费，他将募捐来的钱全数交给他认为有可能与清王朝敌对的人。他先是资助军阀陆荣庭和陈炯明之流，后来陈炯明与陆荣庭因为权力争斗打起来，孙中山的计划无疑成了泡影。

在这种情况下，孙中山没有抱怨自己的草率与失误，而是重新作了审慎思考。他明白要推翻清王朝，必须有自己的军队，不掌握军队很难实现理想。于是，孙中山先生又一次奔走，通过自己出资在广州建立自己的黄埔军校，聘请当时的日本士官生与保定军校生当教员，培养了自己的人马，通过叶挺他们组建了北伐革命军，奠定了国民党与北洋军阀抗衡的力量。

历史证明，孙中山变通后的决策和做法是正确的，是成功的。试想，如果孙中山在第一次天真的想法落空之后，不知道另寻他途，而一味地抱怨甚至绝望，认为局势不可能有转机，推翻清王朝的抱负根本不可能实现的话，那么中国的历史一定会大大地被改写。

在这些成功人的意识里，没有办不到的事情，因为他们不会一味地抱怨上天的不公，他们没有固执心理，他们拥有豪情、激情，当困难临近，他们会自然地"跳出三界外"，不受世俗常规思想的烦扰，而能发现最适应自己发展的思路。正因为这样，他们才显得与众不同，他们才能够有所建树。

学会变通，在不可能中寻找可能，在方法之外寻找方法，在失败之中寻找成功。如此，我们的理想才不致化为幻想，而会在千回百转之后成为现实。

 ## 一味抱怨，使你失去更多机会

要把握住自己的命运就要远离抱怨，懂得珍惜身边的机遇。如果说命运是一卷书，那机遇就是里面的一行行字。在每个人自己的宗卷里，我们用足迹刻下每一行字，有些迷失了，有些被奉为了圣经，这是另一种命运。命运本非注定，只是你往往会忽略掉改变命运的机遇。机遇对每个人都公平。只不过，不善把握的人常常任由它从眼皮底下溜走。

要把握机遇的人，应该抛弃幻想，杜绝抱怨，即使干躺着真的能等到天上掉下的馅饼，而馅饼巧合到直直地落进你的嘴巴，你也会因为吞之不及而被哽死。要把握机遇的人应该为机遇而做准备，努力学习，努力生活，使自己能有足够的准备去驾驭机遇。要把握机遇的人，应该坚守自己的领地，因为每个人都有自己的舞台，在每个角落都能发出耀眼的光彩。要把握机遇的人应该收起抱怨，因为抱怨总能使你在哀叹中失去更多的机会。

人们往往对离自己最近的地方熟视无睹，也往往看不出日复一日的工作琐事中有什么值得挖掘的机会。

初入社会的年轻人很容易将机会与运气混为一谈，其实，机会与运气是完全不同的两个概念。运气，不需要作任何准备，只要碰上了，不费吹灰之力便能够财运亨通或平步青云。运气具有非常大的偶然性，任何人都不能拿自己的一生去赌。而机会，则常常把自己打扮成挑战或挫折，只有那些在平凡的工作中善于用心并敢于接受挑战的人，才能发现并抓住机会。

吉米是一家超市新来的员工，而且是最基层的员工，做包装工作。如果说公司要裁员的话，他也许是第一个被考虑的对象。但吉米进入公司就告诉部门经理说："我有时间的时候可以来您这里帮忙，我希望多了解一下您部门的工作情况。"然后，他又到畜产品部对他们的领导说："我有空时希望可以来向您学习学习。"之后是安全部、管理部、清洁部……几个月下来，吉米走遍了公司的所有部门。以后当某个部门有人请假时，大家自然想到的就是吉米。

后来，超市生意一度不景气，与吉米同时来的三个人相继离开了，一名经理也因此被辞退，鉴于吉米的表现，他被提升为经理。

在日常生活中，我们千万不要抱怨工作中的各种小事，往往平凡的工作中蕴藏着可贵的机会，因为它可以让老板多认识你，而你对老板的影响力也不是一两天、一两件事就可以产生的，机会往往蕴藏于各种平凡无奇的小事之中。

生活和工作中到处充满着机会：学校中的每一堂课都是一次机会；每次考试都是生命中的一次机会；医生面对的每名患者都是一次机会；报纸中的每一篇文章都是一次机会；每次失败的训诫都是一次机会；每一笔或大或小的生意也都是一次机会……

放弃抱怨，调动自己全部的智力，全力以赴，只要勤勤恳恳地把自己的工作做得比别人更完美，你就能发现机遇，否则抱怨只会让你失去最宝贵的机会。

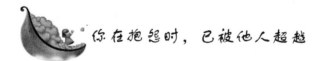

你在抱怨时，已被他人超越

正如珠穆朗玛峰不会因为登山者抱怨它的陡峭而有丝毫变化，同样，领导不会因为你的抱怨而看重你、信任你，同事也不会因为你的抱怨而尊重你、同情你。抱怨就好比往自己的鞋子里倒水一样，使往后的行程更艰难；就像往自己的怀里放石头，使心情更沉重；就像在前行之路施放烟雾，让自己看不清方向，找不准人生坐标，很多人正是在这样的抱怨中错失机遇，最后离成功的方向越走越远。

事业有成的成功者，都善于捕捉在艰难困苦时展示才能、提高自我的机会，都是熟谙与同事合作、宽容待人的技术与技巧，都懂得尊重领导、服从领导、给领导补台才能得到青睐的道理。而终日抱怨和四处诽谤的人，永远也不会得到领导和他人的看重，永远找不到属于自己的成功的感觉。

几乎每个人都向往管理人性化、薪水高、工作轻松的公司。对于每一个员工来说，多次荣登美国最佳雇主榜首的 Google 简直就是他们梦寐以求的职业天堂。一流的办公环境，一日三餐都有五星级厨师随时待命，而且完全免费，你可以带宠物上班，零食随用随取，工作累了可以享受免费的按摩和水疗，有 20% 的时间可以做自己想干的事情，你可以按照自己的想法装饰自己的办公区域，比如在办公区搭建帐篷或摆上一台跑步机。Google 被形容成一个工作的天堂，员工下班后都不想离开办公室，也舍不得跳槽。据称，每 25 秒就有一份言辞恳切的求职简历发给 Google。

但是，Google 不是慈善机构。我们不妨扪心自问：如果自己去 Google 上班，能胜任吗？如果不能改掉抱怨的毛病，努力提升自己的价值，无论你在什么公司，都不会有好的发展。

国庆长假期间，大学同学阿杰来张伟家玩，好久没见面了，彼此都很高兴，免不了一番促膝长谈。

在谈话中，张伟了解到，阿杰竟然"内退"在家。张伟十分吃惊，实在有些不敢相信这是真的。要知道，阿杰才 36 岁，重点大学毕业，现在却待在家中，每个月只拿 400 块钱的生活费。事后，张伟从另外几个同学那里知道了原委。

刚开始，厂长很器重阿杰，他上班后不久，就提拔他当了科长，一年半后，又提拔他当了厂长助理。阿杰的能力很强，不过，他有一个缺点，就是讲话不太注意，喜欢发牢骚。这一点厂长早有耳闻，只是觉得人无完人，只要能改正，还是可以重用的。但是，自从做了厂长助理，阿杰不仅没改掉自己的缺点，反而变本加厉，甚至当着厂长的面抱怨不休。于是，厂长开始渐渐冷落他，先是免去了他厂长助理的职务，后来又免去了他科长的职务。于是，阿杰的牢骚话就更多了，不但自己消极怠工，还影响别人做事，厂长考虑他还年轻，就让他"内退"了。

如果阿杰能够吸取教训，以后不发牢骚，应聘其他单位，会比继续留在原单位更有前途。事实也是这样，阿杰"内退"之后，又应聘了几家单位，都被录用了。刚开始，几家单位领导都很重视他，可是，他爱发牢骚的老毛病改不了，结果同样是遭到了冷落，他受

221

不了冷落，一气之下就又不干了。这不，他只好早早地过起了"内退"的生活。

一个人在职场上打拼，要想成就一番事业，除了要有能力外，还要有涵养，不能动不动就发牢骚，要知道，职场不欢迎牢骚者，没有领导喜欢爱发牢骚的"刺头"。

成功不会选择"抱怨"，只会青睐"努力"！人的生命是短暂的，不允许我们在终日的抱怨中浪费光阴，那就让我们学会用平和而积极的心态面对人生，如果有抱怨，也请把抱怨化为努力，不要等到清醒的那一天，才后晦当初自己为什么有那么多的"抱怨"！

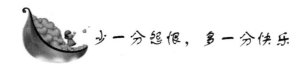

少一分怨恨，多一分快乐

在改变过分抱怨思想的过程中，人们有时会感到自己就像在肮脏的沼泽里艰难前行。过分抱怨就像一个精神沼泽，其中充满了各种障碍，所以改变它并非易事。生活在肮脏的沼泽里，我们怎么能够得到幸福？因此，我们必须改变这种消极的思想。在自我改变的过程中，你会发现远离抱怨真的是件快乐的事情。

在两千多年前，所罗门曾说过，快乐的心犹如一剂良药，破碎的心却吸干骨髓。西方也流传着"一个小丑进城，胜过一打医生"的谚语。因此，人们常把"祝你快乐"作为一种美好的祝愿送给亲朋好友。拥有快乐生活也是每个人内心最真诚的期盼，人们也想方设法费尽心思去追求快乐、营造快乐。可是，许多人却找不到快乐的踪影。快乐在哪里呢？

快乐，是人的思想处于愉悦时的一种心理状态，它是一种积极的情绪。在悲观者的眼里，快乐是有条件、有法码的，这个条件和法码就是金钱、权力、地位及其他外在因素。悲观者常想当然地认为，只要自己能拥有这些东西，快乐就会不请自来。相反，乐观的人则常常热情洋溢、精力充沛，且人缘极佳。

在《论快乐》一文中，文学大师钱钟书曾说过这样一段话：

洗一个澡，看一朵花，吃一顿饭，假使你觉得快乐，并非因为澡洗得干净，花开得好看，菜合你的口味，而是因为你的心里没有障碍，轻松的灵魂可以专注肉体的感觉来欣赏，来审定。要是你精神不痛快，像将离别时的筵席，随它怎样烹调地好，吃起来只是泥土的滋味。

可见，快乐纯粹是内在的，它不由客体决定，所以，要想得到快乐，我们必须要培养一种乐观的生活习惯，要做生活的主人，不要做它的奴隶，不要让外在环境和他人来决定和控制自己的喜怒哀乐。

一个人心情的好坏是可以通过练习来调整培养的。肖伯纳说过，如果我们觉得不幸，可能会永远不幸。但是我们可以凭借动脑筋和下决心来利用大部分的时间想一些愉快的事，应付日常生活中使我们不痛快的琐碎小事和环境，从而使我们得到快乐。

要想让快乐与自己相伴，首先要学会调整自己头脑中一些消极思维方式，用积极乐观的态度看待身边发生的一切，对生活环境中的一切多欣赏，少抱怨，用宽容平和的心态对待生活。这样，烦恼、忧伤和不满就会烟消云散。当然，这种思维模式的转变是有一定的难度的，它必须以坚强的意志作后盾。

中国人总喜欢讲"知足常乐"，知足是一种一厢情愿，只要"情愿"，就会快乐。历史上有个周瑜打黄盖的故事，被打的情愿，皮肉很痛，心里却快乐着。生命中有有悲伤，才会感受到伤后的快乐，这就是完整的人生，如果我们仅仅把忧伤保持在记忆里，人就会活得很累很苦。

所以，我们可以借鉴艾乐默·盖茨教授的做法，学习唤醒愉悦观念和记忆，每天像练习哑铃一样，有规律地回忆生活中那些偶然的快乐和美好的时光。当遇到挫折和不如意时，我们可以唤醒内心一些美好的东西，以此来化解自己愤怒、伤心和不快。把这当成一种心理运动长期坚持下去，人的内心必然会产生惊人的变化。

快乐具体而不抽象，因此快乐各人有各人的说法，各人有各人的体悟，在一千个人的心目中就有一千种快乐，很难统而言之谁快乐谁不快乐。放下挂碍，开阔心胸，心中自然快乐无比。

223

阿戴尔·拉腊说："每日我们似乎都被有关快乐的普通心理学忠告所淹没，但那无情的消息却是：为了快乐，我们应该做些事情——做出正确的选择。"快乐，也是有不同的方式方法的，但无论怎样，都需要"正确"地做点事，凡快乐就不空洞。

人类最大的愿望和追求就是快乐。经过观察，你也会发现，快乐的人常常笑容满面，精神焕发，富有活力，悲观的人常常愁容满面，抑郁沮丧。所以，培养快乐的习惯还有一个最简单的办法，那就是每天多练习微笑几次，尽量使自己看起来精神些，多说些使自己感到开心的话，多做些使自己感到开心的事，以此来驱散烦恼和不快。

不快乐的态度不仅会伤害自己，也会伤害别人，而且长期不快乐的人更加让人瞧不起，不愿与之接近；不快乐的态度还会使不利的处境更加不利。所以，无论从哪个方面看，我们都应学会快乐，让快乐与自己长伴。

第十三章　生老病死不要紧，勇敢无畏最重要

　　泰山不要欺毫末，颜子无心羡老彭。松树千年终是朽，槿花一日自为荣。何须恋世常忧死，亦莫嫌身漫厌生。生去死来都是幻，幻人哀乐系何情。

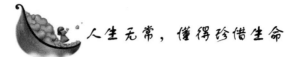

人生无常，懂得珍惜生命

"泰山不要欺毫末，颜子无心羡老彭。松树千年终是朽，槿花一日自为荣。何须恋世常忧死，亦莫嫌身漫厌生。生去死来都是幻，幻人哀乐系何情。"这是白居易的《放言五首》中的第5首诗。这首诗阐释了这样一个道理：人生固有一死，因此活着的时候不要有太多的牵挂，不如多为社会做好事，这样的人生才活得精彩。

"松树千年终是朽，槿花一日自为荣"。最高大的山峰莫过于泰山，最渺小的东西莫过于秋毫，最长寿的古人不过是活了800岁的彭祖，最短寿的贤人就属只活了32岁的颜回。但是，谁也用不着欺负谁，谁也用不着羡慕谁。

白居易形象地说明了自然界中新陈代谢的道理。自然界是如此，人生亦如此，有生必有死，生老病死是人生的客观规律，是不以人的意志为转移的，所以人们不必对世间有太多的放不下，总是担心生命的长短，害怕死亡的降临。

其实，有生有死才符合社会发展的规律。白居易告诉后世人，正确的人生态度应该是怎样在自己的有生之年多为社会做点儿事，多为国家作点儿贡献，如此，人生虽死犹生，才会更加精彩。

人生在世固有一死，不论你是活过千年的松柏还是只能活一天的木槿花。哪怕你存活得再漫长，最终还是要腐朽；哪怕你只存活过一天，只要珍惜了、绽放了，那么你的人生就是精彩的，就是没有遗憾的。

不要太把人生当一回事，也不要像那些有境界的古人一样把肉躯看作一副臭皮囊而嫌弃它。人的一生都将幻灭，不论你是富贵或贫贱，失意或得意，都只不过是幻影罢了，为了这一点儿幻影而患得患失、忧心忡忡，就丢失了生活的本质，不如珍惜活着的每一天，当你将整个生命都看破了，你就不枉来世上走一遭。

法国文豪维克多·雨果留下这样一句话："人，都是迟早要被执

226

行的死缓囚犯。"死，是任何人都不可逃脱的宿命。"生和死"的问题，是古今东西方哲人们作为毕生的命题而不断探讨、研究的一个最大的课题。

有欧洲共同体之父之称的可旦霍夫·卡莱洛其伯爵曾指出：东方和西方对"生和死"所持的想法可谓大相径庭。他说："我觉得在东方，生和死犹如书本中的一页，翻了上页就是下页，即新的生和死，得到不断地转换。但西方却认为人生好比一本书，有头有尾。"因此，伯爵颇有感慨地总结道："西方人对死的恐怖心理要比东方人强烈得多。"

其实，人类面对生死都有一定的恐惧，只不过有的人能将它们看破，能在生死面前挺住，这样就能让"生"的部分更加安定、沉着和充实，就在一方面弥补了对"死"的遗憾。

美国有一部电影叫《遗愿清单》，讲的是两位身份、地位乃至生活习惯、价值观念截然不同的老人在同一时间被癌症判定死亡之后，一同写下了一张遗愿清单，并一起周游世界来了却生前遗愿的故事。

在了却遗愿的过程中，两个老人终于明白了人生最恐怖的不是恐惧死亡，而是恐惧生前留有遗憾。很多人觉得对于死亡，最糟糕的就是来不及说一些话、做一些事，可更糟糕的是，人们总是没有勇气在还来得及做的时候去做，因此才有了莫大的遗憾。

如果有未了的心愿，为什么不现在就做？非得等到临终时再去遗憾。当你将一切都看穿了，就会明白生命的意义究竟是什么，那么到了那时，死亡就不足为惧。

生和死，就像白天和黑天一样平常，就像春夏秋冬四季交替一样，不可更改。当你真正领悟到这一点后，就会学着用一颗慈悲坚强的心去迎生送死，从而看清生命、体验人生的意义。要想活得自由自在，就要摆脱对生死的执著和恐惧。

印度诗人泰戈尔说过："没有一个人长生不老，也没有一件东西永久存在。"我们应该感恩人的生命，之所以生命有生死轮回的交替，人们才更懂得珍惜，懂得了珍惜生命，才能把握光阴，活出自己的价值。

从这方面来说，人活着，其实就是在不断地向死亡挑战。当人

227

们到殡仪馆去为逝者送行时，都会感触良多，尤其看到那些少年夭折、风华正茂却死于非命的，应该更加敬畏生命，而不是恐惧。我们应该更加珍惜自己现有的生命，努力让它在有生之年体现出它的最大价值，使生命更有意义。

不要只埋怨自己的多灾多病，人生下来就在接受着死亡的挑战，我们直到现在还有幸活着，就应该感谢上苍让我们还能拥有美好而全新的一天。因此，我们要珍惜当下的幸福生活。

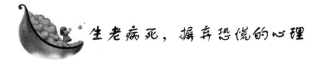

生老病死，摒弃恐慌的心理

人自出生便已然注定了死亡的结局，也就是说，从生到死这一过程，是我们一开始就预料到却无法掌控的。因为无法掌控，所以绝大多数人都对最后的死亡充满恐惧和排斥之感。

出生就意味着死亡，在这一过程中，我们会逐渐衰老，衰老之后会带来多病，而疾病几乎直接导致死亡，而死亡对每个在世的人来说都是一种未知的恐惧。

难道人类在生老病死面前真的是束手无策吗？几千年前，《黄帝内经》就论述了人类的生命周期。男性8岁换牙，从那开始，每逢8年，男性在生理和心理上就会发生一次变化，每次变化都直逼衰老直至死亡；女性自7岁换牙开始，每逢7年，生理、心理上就会产生一次变化，和男性一样变化。最终走向死亡。

对人类而言，最难以忍受的变化就是第6次，无论男女，在经过第6次变化后，会无可避免地开始出现两个让人很难适应的状态，一个是开始生长白发，另一个是生理步入衰退期，也就是我们平常所说的更年期。

更年期也就是所谓的衰老，这是人生的一大挑战。衰老是人类绝对无法控制的，不论是对于古代权力至高无上的天子帝王还是平民百姓，人们都难逃衰老。即使在现代先进的科学技术水平下，整容也只能改变一时，而无法延滞人的生理机能。人老之后，第一个

228

明显的肌体衰退现象就是骨质疏松，当然有办法缓解，可是吃再多的钙片和维骨力也无法停止钙质的流失，也无法促进骨质的新生；器官衰竭了，的确可以换个器官，但是总不能一个接一个地换下去；脸上开始出现皱纹，的确可以做拉皮、打美容针，但这究竟能维持多久？一年还是两年？

　　已经年近七旬的老人，即使外表打扮得再华丽、显得再年轻，可他的骨质、器官已经衰竭到 70 岁的程度，纵然你有回天之力，也不能掌控人的衰老。最关键的是，我们在年华老去的同时，身心状态开始跟不上年轻人的节奏。比如，满桌佳肴都是最爱，可因为肠胃机能变差，就是吃不进去，这不免让人懊恼，因为我们连自己的胃口都不能控制了。再如，我们很想到远一点儿的地方散步，可没走几步就累了，甚至还要顾及到自己会不会随时随地要上厕所，面对老态龙钟的自己，难免会令人扫兴。

　　一下子从健康而灵活的状态到什么都无法控制，当这些生活中点点滴滴的征兆出现时，很多人便会开始陷入一种恐慌状态，而最深层的恐惧则有两个方面的内容，一个是身心失去控制，另一个则是提醒自己死亡靠近了。因此，衰老会让人觉得失去控制，这的确是一件令人感到恐怖的事情。

　　衰老之后，由于身体机能逐渐退化，更会出现各种各样的疾病。可以说，病是人生继衰老之后面临的第二大挑战。病不但会让机体遭受严重创伤，还会磨灭人生的斗志和希望。生病或许是暂时的，但也有可能是永久的。如果让一个人一直躺在病榻之上，每日打针、吃药，时间久了，就会产生"活着还有什么意义"的悲观想法。

　　有时候，明明知道自己只是一点儿小病，只需要卧床休息几天，还是会感到沮丧，更何况许多病症是现代科技所无法治愈的。一旦犯了病，就知道自己再也不可能转好，那种感觉像突然被判了死刑一样，实在不好受。试想一下，如果让自己躺在床上 20 年，只有脖颈以上可以活动，大小便都需要别人照顾，肯定会产生轻生的念头。

　　如果得了治不好的病，打针、吃药都没用，甚至必须把器官割除，或者得长年靠每天打针、洗肾控制，不可能恢复原来的状态，或者即使可以好转、控制住，但不会根治，那种与我们原先认定什么都可以复原的落差也会让人情绪低落，从而心生恐惧。

生病的恐惧感到底根源于什么？其实就是一种无法掌控的心理落差。生病的人无法控制外在的环境，即使在生病的当下，家人很用心照顾，可是病人心里还是会担心"会不会有一天被嫌弃"，同时，病人的生活也会受到限制，不但要长期用药、治疗，甚至还得限制吃喝活动，这一系列的改变就会让生活质量急剧下降。

有一个好心的医生对一位年纪尚轻的癌症病人说："我院正在研制一种治疗癌症的新药，但这种药正在理论阶段，还没有进行临床验证，如果吃了，您就有50%的机会多活6个月，但后遗症是不知道身体会产生什么样的反应。如果您有意愿尝试，我们可以不收费，当然这最后取决于您的愿望。"毫无疑问，这份合约其实就是一个试药的合约，是拿病人对生的渴求和对死的恐惧去做医疗实验。设身处地地想一想，那位癌症病人会不会签下这个试药的合约呢？结果，病人真的签下了合约，他的原因只有一个，就是希望多活一段时间。

然而，在试新药的过程中发生了一件突发事件，这是年轻的患者始料未及的，他的身体产生激烈的排斥，于是医生告诉他，可能在未来的半年时间中，他根本没有办法见到自己的家人，因为在多半的时间内，他都必须待在紧急救助中心。

虽然延长了半年的生命，但只不过是多活了半年痛苦的日子，年轻的患者恐怕在临死之前都在后悔自己当初的决定，然而这就是人生的真实状态。只要有一线活下去的希望，人们就会全力以赴，因为每个人都惧怕死亡。

说到底，对死亡的恐惧才是让人类惶恐不安的原因，境界再高的人，到了死亡关头还是会有一丝颤抖，因为死亡是我们无法掌控的东西。

死亡无法掌控，更无法延迟，从古到今，生与死的矛盾就是无法化解的。无论在东方还是西方国家，从古至今，人们都在不遗余力地探索长生不老之术，虽然至今没有取得丝毫进展。直到现在，几千年过去了，人们仍然在生生死死的交替中发展、壮大，死亡就是这样如影随形地跟随着人类的进步、威胁着人类的心理、永远无法改变的一种恐怖。

230

　　既然我们有幸活在这个世上，就要为此付出一定的代价，那就是像任何人一样经历老、病、死的折磨。既然生老病死都不是我们能够掌控的，不如让这个代价变得更轻松一些，要知道，无论你恐惧也好，不恐惧也好，它们都会按照自己的意愿如期而至。你为此担惊受怕、为此感到恐惧忧虑，只不过是为你一生快乐的时光大打折扣，损失的只有你自己。

　　因此，我们不如看开一点儿，坚强一点儿，面对无法避免的老、病、死，摒弃恐慌的心理，如此，你的人生将会没有遗憾。

 与其担心死亡，不如珍惜现在的生命

　　有生的喜悦，就有死的悲伤。关于死亡，人类讨论最多的，恐怕就是对死亡的恐惧，因为这是人之常情，只要有死亡存在，我们就不能指望人们能坦然面对。

　　其实，有生就有死，这个道理人人皆知，为何人们还是无法摆脱对死亡的恐惧呢？人们究竟是惧怕死亡，还是惧怕死亡背后的一些东西？

　　一般来说，隐藏在死亡背后的一些未知的东西是令我们惴惴不安的罪魁祸首：死神究竟什么时候光临自己？是因为疾病还是突如其来的意外事件？是死于寿终正寝还是死于非命？濒临死亡究竟是怎样一种过程？会不会痛？会不会太过难受？

　　还有，死后的世界又是怎样的？尽管我们的科学技术与时俱进，但关于死亡的位置仍旧无人揭晓。纵然关于"死后世界"的论著不胜枚举，但信者恒信，不信者也始终不会相信。最后，就大多数人而言，死亡仍然是一个未知数，也就是说，只要我们还活着，就永远无法了解死亡，即使你有过濒临死亡而非真正的死亡经验。

　　因此，无论我们对死亡讨论得多么激烈，然而，死亡什么时候来？以什么形式出现？死后又将去哪里？没有人知道。虽然但丁的《神曲》信誓旦旦地向人们揭示了他游历死亡乃至死后世界的面貌，然而，也许连但丁自己都无法相信那到底是一场有根有据的经验，还是一个不切实际的梦。于是，对于这个未知数，人们由于惧怕而失去了勇气。

既然如此，那么如果假设死亡不是一个未知数，人们就不会感到恐惧了吗？假如真的可以选择知道死亡的日期，那么你会作出选择吗？等真到了那时候，你会发现，就算提前知道了死亡的日期，做好了完全的心理准备，恐惧还会不请自来。有时候，越准备，越让你感到恐惧。这也就是说，我们害怕的并不是死亡本身，而是因为在死亡面前，我们永远没有主动权。

人们之所以对死亡之感到恐惧还有一个原因，那就是死亡意味着一种终结和失去。不论我们生前得到了多大的江山，也不论我们做出了怎样的丰功伟绩，一旦死亡来临，你不得不将世间的一切都放弃，这让你很不甘心、无法释怀，于是更加不愿意去死。死亡的确会让人失去很多东西，以致我们舍不得、放不下、不甘愿，最后竟死不瞑目。于是，看着死者生前的挣扎和怨恨，生者更加恐惧死亡。

从这方面来说，我们所恐惧的依然不是死亡本身，而是因为我们对尘世留有太多的眷恋。让我们失去勇气的不是死亡，而是我们放不下的那颗执著与贪婪的心。

人们经常提到生离死别。离别也是让我们恐惧死亡的一个原因。在葬礼上，我们最常听到的一句话就是："你怎么就这么走了，怎么可以把我一个人留下来！"生者尚且如此，那么死者呢？

人生最大的悲哀莫过于生离死别，以致用"凄凄惨惨戚戚"这样的字眼来形容人们对分离的恐惧。这样说来，我们之所以恐惧死亡，是因为我们永远处于被放弃的一方，我们不再出现在亲爱的人身边，我们再也不能伴其左右。

"人死的时候是什么样子？会不会很痛？会不会很可怕？躺在坟墓里会不会被虫子咬？地底下会不会很黑？"这是小孩子对死亡最淳朴的担忧，然而，大人们的担忧也不过如此。关于死亡的过程，流传着很多说法，但没有一种是经过证实的。死亡究竟是什么样子？会以何种形式出现？会不会痛？会痛多久？恐怕只有死者自己知道，对于生者而言永远都是一个未知数。

有时候，我们难免会扪心自问：到底是害怕死亡本身？还是害怕死亡之后会丧失生存的意义？古人教会我们"天生我材必有用"，于是一句话造就了多少英雄和伟人。但凡有骨气、有理想的人，就会认为人生在世一定要努力活出自己的价值，小到一生要积累多少财富、养育多少儿女，大到一生能为社会作多大贡献，甚至改变世界等。然而，一旦我们死亡，这些曾经的努力就将付之东流，我们自己本身也将消失在世界的尽头。于是想到死亡，我们就会害怕，死亡就意味着我们在这个世界上不再有任何意义了。

其实，死亡并没有什么可怕的，人的死亡也并不意味着生存意义的消失。这就像我们之所以拼命努力就是为了站在领奖的舞台上，纵然只有一瞬间的光荣，我们也会不顾一切去争取。那之后呢？奖状被束之高阁，人们也不再提起获奖的那一刻幸福，它已经不再重要了，因为他们已经享受过得奖那一刻的意义了。事实上，不管是情感也好，经验也罢，其实在我们经历之际就已经体现它的意义了。人生的意义是什么？就是我们享受人生的过程，只要充分享受了，我们便没有必要有所遗憾。

每个人都会考虑有关生和死的问题，每个人都会衰老、都会死亡，都会与至亲至爱离别，都会面临失去乃至不得不放下，既然如此，死亡就不足为惧。

其实，问题的本身不在恐惧，而在于你没有勇气去面对恐惧。我们毕竟活在现实中，虽然死亡是人生必不可少的一道程序，但过多地担心和忧虑只能造成你的心理负担。死亡之后会如何，没有人能告诉你，与其担心死亡的降临，不如关注现在的生命、珍惜现在的生命，让生命更有价值、更有意义，这样我们才对得起自己，才不会在死亡面前丧失勇气。只要我们还活着，就要尽力去做自己想做的事情，为梦想而奋斗，这样，你的人生才能活得更加精彩。

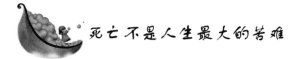
死亡不是人生最大的苦难

　　每天，我都面临着对死亡的恐惧，无论是上班、下班、逛街、闲游，甚至去人来人往的麦当劳，只要是在车来车往的马路上往返、在红灯绿灯之下穿梭，我就会被吓得心惊肉跳。不知为什么，我总是对4个轮子的东西特别恐惧，也许是因为小时候曾遭受过车祸的原因。而现在，但凡有车辆行驶的马路也成了我恐惧的对象，我时时刻刻都在担心超速、失控、碰撞、爆炸等意外的发生。

　　夜深人静的时候，我也时常被死亡的噩梦惊醒。死亡的噩梦就这样充斥着我的思绪，侵占着我心底最懦弱的阴暗一角。直到读大学的时候，心理学导师告诉我，要克服恐惧，必须弄清楚心魔的根源，可是我认为自己的问题只能概括为两个字——怕死。

　　怕死是所有人类的通病，我作为一个平凡的人，只能照导师的指教去阅读关于死亡的书籍，以期减轻对死的恐惧。如今，我依旧惧怕汽车和马路，但却不再相信老人们说的今生、来世。死，在我的观念中仅仅代表死亡。

　　然而，在毫无征兆的情况下，死亡还是找上了我。我记得我被一辆小型汽车追了尾，就在那一刹那，我感到我的灵魂慢慢地离开了身体，同时，尖锐的急刹车声响起，四周的环境从嘈杂立刻变成了寂静，仿佛整个世界都因此而停顿了。

　　我的身体在漂浮，像风筝般直上天际，但不可避免的，还是受着地心引力的影响而直往下坠。接着，我就看见自己的身体躺在一片血泊里。再后来，世界又恢复到了遗忘的嘈杂，没有任何改变。

　　打电话的声音、交通因堵塞而四处鸣笛、救护车的声音……我看着自己被抬上闪着红灯的白色车子，车上的急救人员紧急而快速地帮助我止血、包扎，没有人会注意到悬浮半空的孤独灵魂。我只好独自倚在身体的旁边，那一刻，我似乎从死亡的恐惧中解放了，虽然死亡就在我面前，但我却感到从未有过的宁静。

急救室里仍旧一片忙乱，迎合着走廊里低沉的抽泣声、急躁的脚步声。医生和护士们拿着恐怖的手术器具，围在只剩下呼吸的我的身体旁，没有人去注意悬浮在半空中孤独的灵魂。最后，在一番努力下，我的身体终于被白纱布里3层、外3层地包了起来，被送进一个叫"特别看护室"的地方。

我看到了我的亲人们，他们抽泣着、焦虑着、浮躁着，我能感到他们的悲哀和怜悯。一时间，说不出的不舍与哀痛在心中蔓延，我害怕极了。我伸出手去，想擦拭母亲脸庞流落的泪水，想拥抱蜷缩着的父亲的身体。然而，我的手触碰不到他们，突然，我的心里一阵痉挛，一种莫名的恐惧令我窒息。我逃了出去，但突然发现这个世界已经不再是那个令我熟悉的和感到恐惧的世界，这个世界静得出奇。孤寂就像一个黑色的漩涡，把我仅余的知觉卷入无底的深渊。那种从小就如影随形的恐惧、以前所未有的强势包围并束缚着我。我挣扎着、呼喊着，但除了黑暗，这个世界只有黑暗……

这就是一个恐惧者的自白，每当夜深人静的时候，他就会陷入这种对死亡的幻象中备受折磨。夜深人静，遐想无垠，有谁不曾有过生命与死亡的亘古思考呢？更何况，伴随死亡本身的是思想的终止和精神的永恒损失。然而，并不是每个人都沉浸在这种恐惧中无法自拔。

那些征战沙场的战士，一旦同仇敌忾起来，即使面对死亡也是无所畏惧的，因此，才留下了一曲曲悲壮的刑歌——"生命诚可贵，爱情价更高；若为自由故，二者皆可抛"；"砍头不要紧，只要主义真；杀了夏明翰，还有后来人"等。寥寥几句，便使对死亡的恐惧黯然失色……

在国耻家恨面前，人们的精神会变得率直纯粹起来，这时，即使对死亡也无所畏惧，这就是勇气的力量，勇气让我们重生，让我们超脱生死，让我们摆脱恐惧。

今天，处于和平年代的我们为何对死亡感到无比的恐惧呢？是因为缺乏真正的信仰？是因为不善于追求智慧而沉湎于金钱世界的浮躁？还是因为我们率直纯真的感情已经被虚荣替代？当你扪心自问、质问自己究竟因何而恐惧的时候，或许便能找到解脱的办法。

235

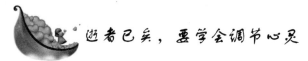

逝者已矣，要学会调节心灵

很多人对死亡的恐惧往往来源于亲人的死亡。每个人都有一定的占有欲，一旦被剥夺后就可能有痛不欲生之感，亡者已故，却往往造成生者挥之不去的噩梦。

几年前，张罗的母亲因为一场车祸而意外去世，面对突如其来的打击，张罗的精神几近崩溃，当时一下子就晕了过去。葬礼之后，很长一段时间，张罗的精神状态都不是很好。

几年后，张罗逐渐从悲痛中走出来，但身体却每况愈下，大病小病不断。最重要的是，张罗总是睡不好觉，夜里经常做噩梦，梦见已经死去的亲人，梦境大多也是以前和这些亲人生活在一起的场景。噩梦醒来，一种莫名的恐惧感就会涌上心头，让他难以承受。

不得已之下，张罗找到心理医生诉说了自己的情况。在心理医生的指点下，张罗明白自己恐惧的根源在于对母亲的去世无法释怀。经过一段时间的调理，张罗逐渐走出了悲痛，也走出了对死亡的恐惧。

其实，在物质生活方面，张罗的母亲并没有给他带来多少损失，但在精神生活方面，母亲的离世让他失去了最好的依托。无论我们所遭遇的是有形的还是无形的损失，都有一个共同的特点，那就是在事件发生的刹那间，都会给当事人带来莫大的伤痛，随着时间的推移，这种伤痛逐渐减轻并消退。然而，至于这种伤痛究竟会持续多久，就要依当事人的心理承受能力来定了。

当得到亲人去世的消息时，当事人一般会惊得目瞪口呆，表情显得十分冷漠，也可能出奇地冷静。除此之外，也可能宣称感应到类似亲人托梦告别等灵异现象，身体也会变得僵硬，同时伴有不适的现象，甚至会晕厥。然而，在这个阶段还无法清楚地表达出内心的痛楚与惶恐。

接下来，当事人会开始逃避现实，不愿意去承认亲人已经不在

世的消息。有些反应强烈的人会真的认为亲人还在世，还会对着遗像喃喃自语。这样的反应在不知情者看来，类似于痴呆、疯癫。

这种情形常常过多地呈现在老年人身上，当年近七八旬的老人在遭受丧偶之痛后，往往根本不承认有这么一回事，每天的生活依然照旧，卧室的陈设也不变，吃饭的时候也会为对方摆一双筷子，连上街买菜都会记得买几样对方生前最爱吃的小菜或零食。然而，这种心理的存在正表现了他们对已亡者无尽的悲痛。

当事者还会将亲人的死亡归咎于自己，深深自责，痛骂自己为什么在亲人卧病之时疏于照料、在他生前为何没有尽孝道，等等。这是一种遗憾心理在作祟，拥有的时候不懂得珍惜，往往在失去了以后才后悔万分。这样一种心理会让当事者满怀愧疚，甚至抱憾终身。

当从丧失亲人的悲痛中重新回到工作岗位或以往的生活中时，当事人会发觉自己的生活秩序或大好前程受到了严重打击，因而忧心忡忡，甚至想一死了之。这种焦虑不安的心理在很大程度上其实已经不再是因为亲人的去世，而是因为怀疑自己是否能适应和接受不一样的生活环境。

焦虑之后，当事人在心理上会出现戏剧化的大转变，由原先的深深自责转为责怪他人，将所有的人都骂完了之后再回骂自己。至于会推卸到什么地方，就要看当事者与事件本身的关联性而定，关系越密切，就越容易有这种倾向。

一段时间过后，当事人开始逐渐跨出阴影来面对现实，仿佛也能回复到以往的生活，就像什么事情都没有发生过一样。然而，这并不代表当事人心理中不再存在阴影，当事者往往睹物思人，看到某件与已亡者相关联的事物时，仍不禁悲从中来，其内心会产生一股可怕的失落感。此时，若能号啕大哭及时宣泄负面情绪，对身体会更有利。

到此，当事人基本上已经完成了追念已亡者的心理整合过程。过去的已然过去，没有必要继续生活在回忆中，大多数人也已经能够放下对已逝亲人的怀念，虽然到每年的纪念日、节日或其他特定的日子会再度勾起当事人内心的伤痛，但那只是短暂的。

237

痛失亲人之后，固然会伤心难过，但最重要的是要学会调节自己的心灵。纵然止痛是需要时间的，但不能太久，思念归思念，如果不能够快刀斩乱麻斩断思念，你就会陷入这场噩梦而不能自拔，从而陷入对死亡的恐惧。终有一天，死亡会降临在每个人身上，因此要时刻做好心理准备，这样等噩耗来临之时才不致方寸大乱，也不致无法释怀。

 认真地活着，痛痛快快地活着

德国人布洛赫在《死亡研究之旅》中说："人们会避开最后的恐惧吗？其实这根本谈不上恐惧。如果一个健全的人临终绝望，有时竟会产生完全不同的感觉。恐惧一变而为罕见的好奇，换句话说，以知道死亡对自身作用为乐事。因为死亡本身是一场固有的巨大变革，它会令人产生激情。上述好奇之心把徐徐落下的一幕，一变而为慢慢开启的幕布。"

这段话听起来晦涩难懂，但其实就是在表达一个道理：只要你懂得活着的意义，死亡也就同样拥有意义，那么死亡就不可怕。《士兵突击》里有一句话："好好地活着就是做有意义的事，做有意义的事就是好好地活着。"

玛丽40岁时，被医生诊断患上了恶性肿瘤，只能活3个月了。虽然这时的她不是风华正茂，但也正当盛年，人人都为她感到可惜。然而，玛丽还是坦然地接受了这个事实，并着手为自己准备后事。

玛丽亲自请来时常去拜访的牧师为自己主持丧礼，她还告诉牧师希望在葬礼上吟咏什么韵文、愿意穿什么衣服下葬。她还不忘记要求把自己特别喜爱的《圣经》也葬在身边。一切安排妥当后，牧师起身亲吻了躺在病床上的这位坚强的女人，然后准备离开。

"请稍等！还有一件事！"玛丽像突然记起了什么重要的事，兴奋地叫住了牧师。

"我差点儿忘记了最重要的一件事，我希望埋葬时右手拿着一把餐叉。"玛丽大声地告诉牧师。

牧师以为自己听错了,先是站在那里愣愣地盯着玛丽,然后终于开口问:"请问您说什么?"

"很奇怪,是吗?"玛丽问。

"的确是!我从来没有见过要把刀叉下葬的,您的要求把我弄糊涂了!"牧师回答。

玛丽开心地解释道:"每次我去单位的餐厅吃饭的时候,最喜欢的就是当菜盘收走时服务员俯身说:'请把餐叉留着。'我很喜欢这一时刻,因为这意味着我将要吃到更好的东西了,比如巧克力蛋糕或苹果馅饼。"

牧师为眼前挣扎在死亡线上的女人感动了,两个人都流出了欢乐的泪水。牧师知道,虽然这可能是他们两个人活着的时候相见的最后一面,但他同样了解到一点:玛丽比任何人都能理解天堂的含义。在她眼中,迎接死亡就是在迎接更加美好的东西,这就是一个女人面临死亡的态度,她把等待死亡看成一件更加美好的事。

于是,玛丽快乐地接受了死亡,安详地离开了人世。

世上万事万物都有始有终,生是我们的开始,死是我们的结束。死亡是生命最后一个过程,有它的存在,生命才得以完整。既然生老病死是生命旅程中无法避免的事情,那么就让我们把死亡当作乐事,永远不要害怕面对它。

很多人惧怕死亡,是因为他们从来没有真正痛快地生活过。同一件事物,完全取决于你看待它的态度,比如对于同样的半杯水,乐观的人为自己还有半杯水而庆幸,而悲观的人却因为自己只剩下半杯水而叹息,这就是说困惑的人之所以困惑,往往不在事物本身,而在看待它的方式。

痛痛快快地生过,为什么就不能痛痛快快地接受死呢?就像快乐一样,有的人认为大块吃肉、大碗喝酒就是一种快乐;有的人认为三五个人聚在一起,唱唱歌、打打球就是快乐;有的则认为安安稳稳地工作、和和美美地生活就是一种快乐。每个人与每个人的快乐是不一样的,但只要你认为自己快乐,那么你就是快乐的。这个世界从来没有绝对的快乐和绝对的不快乐，死亡也是一样的道理。用心地热爱生活、真心地珍惜生命，这样到你临终的时候也不会有任何恐惧和遗憾。

对自己说不要紧